青少年科技教育方案
（教师篇）

主　编　李广旺

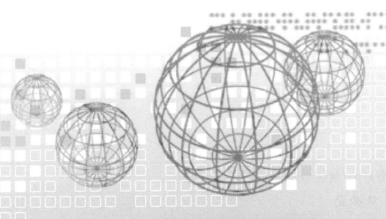

中国林业出版社

图书在版编目(CIP)数据

青少年科技教育方案. 教师篇 / 李广旺主编. —北京：
中国林业出版社，2018.1

ISBN 978-7-5038-9428-2

Ⅰ.①青… Ⅱ.①李… Ⅲ.①青少年–科学技术–普及教育
Ⅳ.①N4

中国版本图书馆 CIP 数据核字(2018)第 024726 号

中国林业出版社·生态保护出版中心

策划编辑：李　敏
责任编辑：曾琬淋　李　敏

出版　中国林业出版社　（100009　北京市西城区德胜门内大街刘海胡同 7 号）
　　　　http://lycb.forestry.gov.cn　电话：（010）83143576　83143575
发行　中国林业出版社
印刷　固安县京平诚乾印刷有限公司
版次　2018 年 3 月第 1 版
印次　2018 年 3 月第 1 次
开本　787mm×1092mm　1/16
印张　16.5
字数　370 千字
定价　58.00 元

《青少年科技教育方案（教师篇）》
编 委 会

顾　问：张　萍　关云飞

主　编：李广旺

副主编：张卫民　于志水

编写人员：（按姓氏笔画排序）

于志水　马　凯　龙　磊　师丽花

刘朝辉　刘鹏进　李广旺　李朝霞

辛　蓓　张卫民　陈建江　明冠华

赵　芳　魏红艳

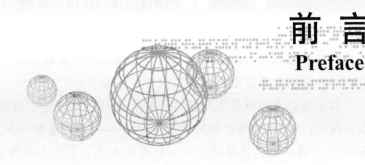

前 言
Preface

　　在科技发展突飞猛进的时代，我们的生活发生着日新月异的变化，因此科学素养是每个公民应具备的，在日常生活中遇到不易解释的现象时，就能够运用科学的方法和思维进行正确的判断。科学素养可以提高人们观察事物的能力、思考问题的能力和创造性解决问题的能力，从而具有批判性的思维能力，避免被表象所蒙骗而造成钱财和精神上的损失，使我们的社会更加和谐稳定。青少年的科学素养是社会发展的基础，因此开展青少年科技教育是提高社会公众科学素养的重中之重。对于青少年而言，要提高其科学素养，就要用不同的方式方法去探索、去实践。科技教育教师就是其中主要的因素之一，只有教师以科学的方式方法设计出适合青少年身心发展的科技教育活动，才能取得良好的教育效果，从而使青少年乐于体验科学探索的过程，愿意与他人分享其中的快乐，从而让更多的人加入到科学的探索活动中来，使参与者的科学素养不断提高，更加热爱生活，健康苗壮地成长，成为国家栋梁之才。

　　本书收集了北京教学植物园教师的科技教育获奖方案，方案从选题、设计、实施和评价等方面有较为详细的阐述，为从事科技教育的教师和科普工作者提供有效的帮助。

　　主题活动类"快乐识'五谷'——世界粮食日科普活动"由明冠华编写；"体验'五谷'科学文化　传播粮食安全常识""快乐五谷园"由刘鹏进编写；"溯源牡丹文化·探秘牡丹科学""寻、观、读、思、做——绿色达人养成体验活动"由师丽花编写；"中国好植物——'识传统植物·习中华文化'户外主题教育活动""百草园里的万花筒""我的百草园'吉尼斯'——主题式户外科技教育活动方案"由辛蓓编写；"播种绿色·放飞梦想——北京教学植物园科技实践活动"由马凯、刘鹏进、龙磊编写。

　　环保活动类"'我是环境监测员'——北京城市生态系统研究站参观体验活动""生态系统小比较　保护地球大家园"由辛蓓编写；"饮用水水质检测"由赵芳编写；"植被降低噪声测量"由刘朝辉编写；"'节水大师'仙人掌"由龙磊编写；"'可怕的天气'植物园气候变化教育第一课"由明冠华编写。

　　动手活动类"暗箱摸果感官体验活动"由刘鹏进编写；"触摸、观察、想象——植物科学体验活动"由师丽花编写；"蒙眼游戏"由魏红艳编写；"魔法叶子"由李朝霞编写；"拓印美丽自然——植物敲拓染"由马凯编写；"草木印染——'识草木·玩印染'户外主题教育活动"由师丽花编写；"半碗碴粥——传统农事体验活动""木艺——环保创意手工技艺体验"由于志水编写。

探究活动类"种子飞行家实验探究活动"由陈建江编写；"探秘植物纤维"由师丽花编写；"探究芳香植物叶片香味之谜——芳香植物叶表皮腺毛的显微观察"由赵芳编写；"谁在夜里不睡觉？——都市少年儿童夜间自然探索活动""'夜游植物园，博物大发现'夏令营——北京教学植物园科技实践活动"由明冠华编写；"物候观测"由赵芳编写。

多年来，我们在科技教育活动上总结了一些经验，但是距离社会的要求和教师、学生的需求还有一定的差距，北京教学植物园所有教师将进一步加强学习，把握科技教育的先进理念，提高科技教育活动的策划水平和活动效果。我们愿与同行们一道不断探索和创新，为青少年的健康成长提供更多优质的教育活动资源。

本书能够顺利出版，要感谢中国林业出版社，感谢李敏编辑和曾琬淋编辑为本书所付出的辛勤工作。本书的出版也离不开领导和朋友们的支持帮助，在此一并致谢。

由于编者水平有限，书稿中纰漏之处在所难免，敬请广大读者批评指正。

编　者

2017 年 10 月

目 录
Contents

前言

一、主题活动类

快乐识"五谷"——世界粮食日科普活动 ···················· 3

体验"五谷"科学文化 传播粮食安全常识 ···················· 11

快乐五谷园 ···················· 21

溯源牡丹文化·探秘牡丹科学 ···················· 27

中国好植物——"识传统植物·习中华文化"户外主题教育活动 ···················· 40

百草园里的万花筒 ···················· 54

我的百草园"吉尼斯"——主题式户外科技教育活动方案 ···················· 62

寻、观、读、思、做——绿色达人养成体验活动 ···················· 71

播种绿色·放飞梦想——北京教学植物园科技实践活动 ···················· 82

二、环保活动类

"我是环境监测员"——北京城市生态系统研究站参观体验活动 ···················· 93

饮用水水质检测 ···················· 103

植被降低噪声测量 ···················· 108

"节水大师"仙人掌 ···················· 112

"可怕的天气"植物园气候变化教育第一课 ···················· 116

生态系统小比较 保护地球大家园 ···················· 131

三、动手活动类

暗箱摸果感官体验活动 ···················· 141

触摸、观察、想象——植物科学体验活动 ···················· 146

蒙眼游戏 ···················· 153

魔法叶子 ···················· 158

拓印美丽自然——植物敲拓染 …………………………………………… 163

草木印染——"识草木·玩印染"户外主题教育活动 ………………… 169

半碗碴粥——传统农事体验活动 …………………………………………… 181

木艺——环保创意手工技艺体验 …………………………………………… 189

四、探究活动类

种子飞行家实验探究活动 …………………………………………………… 201

探秘植物纤维 ………………………………………………………………… 210

探究芳香植物叶片香味之谜——芳香植物叶表皮腺毛的显微观察 ……… 225

谁在夜里不睡觉？——都市少年儿童夜间自然探索活动 ………………… 234

"夜游植物园，博物大发现"夏令营——北京教学植物园科技实践活动 ………… 242

物候观测 ……………………………………………………………………… 250

一、主题活动类

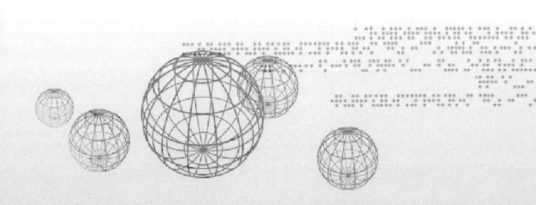

1 背景与目标

1.1 背景

1.1.1 社会背景——"四体不勤，五谷不分"

中国自古以来是农业大国，人们对土地有着深厚的感情。对那些脱离生产劳动、不能辨别"五谷"、缺乏生产知识的人常有着"四体不勤，五谷不分"的说法。当今农业向着集约化的方向发展，城市化的进程也在不断加快。同以前相比，越来越多的人离开了农村，离开了农业，这种距离上的拉远也带来了情感上的疏离，年轻人中很少有人分得清"五谷"，对于餐桌上的食物他们也没有概念，当被问到"大米从哪里来?"时，有些青少年回答出"从袋子里来"这种令人啼笑皆非的答案。"五谷"作为粮食作物的典型代表，在我国的生产历史源远流长，从田间普通的杂草，到人们必不可少的营养来源，"五谷"的选育不仅体现出先民们的智慧，更孕育出灿烂的华夏文明。少年儿童需要一个认识"五谷"形态、了解"五谷"文化的窗口，而此次活动正是基于此目的进行设计的。

1.1.2 教育背景——另辟蹊径，两相融合

"五谷"教育并不罕见，小学科学课、植物园的活动课都曾有过类似的尝试，老师们以科学的眼光，从植物学、农学等科学领域入手，为学生介绍"五谷"知识。这种教育方式具有自然科学教育的普遍性——常用物化的方式来呈现给学生，具有很强的客观属性，但缺少温度和感情。我们能否用一种更加鲜活、更加具有吸引力的方式带给孩子们信息，并找到一种不同于自然科学的学习方式，对主流科学进行很好的补充呢?著名教育家苏霍姆林斯基曾说"教育不仅是科学，也是艺术"。如果将开放、灵活、有创造力、鲜活的艺术化方式同教学结合起来，是否更有利于学生获得良好的体验呢?

基于以上思考，笔者在传统的自然教育基础上尝试融入古汉字文化和饮食文化等人文元素，让汉字的美感和饮食文化的鲜活渗入科学的客观，既让孩子们看到"五谷"生长繁衍的真实图景，又让他们的心与"五谷"连在一起，激发出对"五谷"的爱与兴趣。当美感和鲜活成为自然科学方法的一部分、当科学的客观性穿透人文学科的细微感受时，那将是基于人性体验的最终统一。

*注：此项目获得北京市第六届校外教育理论与实践研究论文/案例评选一等奖。

1.1.3 资源背景——巧用资源，独创特色

北京教学植物园隶属于北京市教育委员会，主要面向中小学生开展教育教学活动。全园占地面积 175 亩①，共分为树木分类区、百草园等七大园区，栽种植物 1500 多种，植物资源十分丰富。除树木、百花之外，植物园还有一个特色的农作物区，栽种有各种蔬菜和农作物，为都市之中的中小学生了解农作物、了解农业开辟了一块宝贵的园地。"五谷"作为各类农作物的典型代表，相比其他农作物具有更大科普价值。为了更好配合教学活动，农作物区特别栽植了代表"五谷"的各类活体植物，春天时秧苗青翠欲滴，夏天时禾苗抽穗开花，秋天时枝头硕果累累，为进行"五谷"科普和农作物的教学活动提供了便捷的途径。

1.2 目标

1.2.1 知识与技能

（1）能说出"五谷"代表的 5 种植物的名称。

（2）关于"五谷"制作成的食物能分别举出一个例子。

（3）能识别"五谷"的植物形态。

1.2.2 过程与方法

通过观看古文卡片、竞猜对应零食、观察"五谷"植物、创意自造汉字等方式促进学生更好地了解"五谷"文化、认识"五谷"作物。采用的教学策略为自主学习和合作学习相结合、以田间实践为主的方式。

1.2.3 情感态度与价值观

感受到"五谷"栽培的悠久历史，体会"五谷"文化的源远流长，并通过近距离接触粮食作物，体会人对农作物的特殊情感。

2 活动设计思路

活动设计思路见图 1。

3 方案涉及的对象和人数

（1）对象：五至八年级学生。

（2）人数：每批次 30 人。

4 方案的主体部分

4.1 活动内容

此项活动最适宜在 7~11 月组织，该时间段内，不仅能观察到"五谷"作物的营养生长，还能观察到开花结果等生殖生

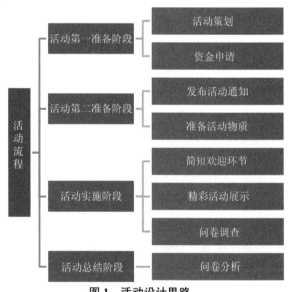

图 1 活动设计思路

注：① 1 亩≈667 平方米，余同。

长，非常有利于学生抓住识别特征，加深对"五谷"的直观印象。具体活动内容见表1。

表1 活动内容

活动环节	内容简介
（1）猜汉字	目的：了解"五谷"是哪5种植物
	方式：展示代表"五谷"的古汉字，猜出它们的名字
（2）赢零食	目的：了解"五谷"分别能做成哪些食品
	方式：准备5种零食，根据配料表信息，与"五谷"进行配对
（3）看实物	目的：认识"五谷"
	方式：近距离观察"五谷"植物
（4）造汉字	目的：从"五谷"推广至其他农作物
	方式：观察其他农作物，为它们量身定做一个自创的汉字
（5）乐分享	目的：了解多种农作物的特点
	方式：分享造字心得

4.2 重点、难点和创新点

4.2.1 重点

（1）了解"五谷"是哪5种（类）作物。

（2）"五谷"的用途，即分别能制作成哪些食品。

（3）"五谷"的识别。

（4）"五谷"的文化内涵。

4.2.2 难点

（1）"五谷"的文化内涵。

（2）"五谷"对应于哪5类作物。

4.2.3 创新点

（1）另辟蹊径，将古汉字同"五谷"识别联系起来，学生从中不仅可以体会到古汉字中所蕴含的植物形态要素以及农业生产特点，更能看到古代先民如何利用自然、理解自然以及对自然的敬畏。

（2）引入"赢零食"环节，既顺应了人们对"吃"的天生爱好，又在欢乐的氛围中将"五谷"的实用价值同"五谷"文化进行了巧妙的融合。

（3）加入造字环节，让学生体验华夏先民造字的乐趣，并激发孩子的艺术与创造力，激起他们对文字的热爱。

4.3 利用的各类科技教育资源

利用的各类科技教育资源见表2。

表2　科技教育资源的具体内容

科技教育资源	具体内容
场地资源	北京教学植物园农作物区
材料资源	手书古汉字卡片、零食、绘图题板、"五谷"活体标本
人力资源	工作人员2人，负责各环节的准备和教学

4.4　活动过程和步骤（猜字游戏）

4.4.1　导入环节（2分钟）

中国的汉字，是世界上最美的文字。汉字之美，美在许多汉字身上都藏着一段故事。我们的祖先创造了大量与植物相关的文字，其中就有和生活息息相关的"五谷"植物，让我们一起透过这些文字图像来重新认识这些来自大自然的恩赐。

4.4.2　猜汉字（15分钟）

汉字具有抽象性和形象性、哲理性和艺术性统一的重要特征，是连接所有中国人的文化纽带和文化标志。从汉字的象形结构去理解汉字的来龙去脉，就能从汉字的形象中悟得其意蕴。

教师依次展示出"五谷"对应的古文字卡片，请学生根据画面上的内容进行竞猜，之后教师揭晓谜底，并分析每个古汉字蕴藏的含义（参考"汉字树""细说汉字"）。

部分古汉字见表3。

表3　"五谷"植物的古汉字及表意

"五谷"植物	古汉字	表意
稻	 金文	抓（皿）取禾（禾）谷放到白（白）中以捣出米粒，显示出在商周以前就出现了以杵白捣米的文化
黍	 甲骨文	代表一棵有根有叶的植物，它的籽粒落入水（水）中，可以用来造酒。考古发现河北磁山新石器遗址就已存留黍的籽实，距今约有9000年，可见种植年代久远
稷	 大篆	该字是由禾、田、人所组成的会意字，意为一个人（人）在田（田）里，辛勤耕种着禾谷
麦	 金文	为一棵小麦形状，下为一只脚（夂），意为缓缓行来，"麦"又通"来"，麦子是从南欧及西亚引进的优良作物品种，因此古人将它命名为"外来的"
菽	 大篆	草（草）本植物，有根（根），有茎叶（茎），可以用手（手）摘取上面的果实。"菽"在上古时期为豆类的总称，汉代以后才逐渐为"豆"所代替

4.4.3 赢零食（20分钟）

通过前面的"猜汉字"环节，学生已经了解"五谷"指的是稻、黍、稷、麦、菽这5种植物，但是这5种文绉绉的植物名究竟还有哪些俗称？它们又能做成哪些食物呢？通过"猜零食"环节，学生将文字中的"五谷"同生活中的食物联系起来，让"五谷"知识变得更鲜活，更有生命力。

此活动需要准备5种零食，将它们分类摆在活动桌上。然后将学生分为A、B两队，每队发放题板一个，学生可近距离观察零食并阅读成分表，小组讨论后，将5种零食和"五谷"在题板上对应起来。最后汇报各组答案并阐述理由。每连对一组，即可获得相应零食奖励，连对越多，获得的奖励也越多。5种零食见表4。

表4 "五谷"植物的俗称及其零食

"五谷"植物	俗 称	对应零食
稻	稻谷，分布广泛，去壳后为大米	旺旺仙贝
黍	黄米，有黏性，产于北方	黄米糕
稷	谷子，又名小米，十分常见	小米锅巴
麦	小麦，人类主食之一，磨成粉即为"面粉"	熊字饼干
菽	豆类，菽为各种豆类的总称	蒜香青豆

4.4.4 看实物（20分钟）

了解"五谷"是什么以及它们能做成食物之后，学生会不由自主地提出疑问："'五

谷'究竟长成什么样子呢?"在这个环节中,学生将深入田间地头,走进"五谷"植物,认真观察它们的形态和生长方式,将脑海中的"五谷"和现实世界的"五谷"对应起来。

学生5~6人自由组合成小组,每组1份活动单,上面有"五谷"的识别要点,学生边观察边做记录。最后,教师进行总结概括。

4.4.5　造汉字（25分钟）

此环节希望学生打开想象力的翅膀,为农作物区其他的作物创造一个独一无二的汉字。

学生仍组合成5~6人的小组,深入田间观察作物的形态特征,并根据标牌了解关于作物的多种信息,便于进行汉字创作。

学生进入田地前,教师需进行简要的汉字创造特点分析,尤其是象形、指事和会意三种和图画密切相关的造字法则。

所谓"象形",指的是像实物之形,把客观的事物描述出来。如"日"和"月"就像一轮红日和一弯新月高悬空中。

"指事"指的是在象形的基础上再加个指事符号标记的一种字。比如,"甘"为"口"中加一点,表示在舌头上感到甜味的地方。

"会意"指把两个以上的象形字组合在一起,表示一个新的意思。比如,"森"为三个"木"合在一起,表明树木之多。

4.4.6　乐分享（10分钟）

经历了田间创字之后,每个学生都有属于自己的新发现和新创造,在"乐分享"环节,他们不但可以尽情展示自己的创意,还可以通过与其他人的交流,感受图案化文字的背后蕴藏的植物形象,在不知不觉中了解更多有关农作物的知识。

5　可能出现的问题及解决预案

5.1　阴雨天气

此活动为户外活动,易受天气因素影响。若遇到暴雨、大风等极端天气,活动改日举办。如果天气为小雨到中雨,活动照常举办,但需调整活动内容和场地。

5.2　学生安全

（1）秋季为花粉病高发季节,活动前需要告知和提醒学生,并准备口罩若干,防止花粉热学生出现打喷嚏、流眼泪等症状。

（2）活动前对园区各活动地点和各活动用具进行检查,排除安全隐患。

6　预期效果与呈现方式

各环节预期效果与呈现方式见表5。

表 5　各环节预期效果与呈现方式

活动环节	调　整
猜汉字	地点转移至农业现代化温室
赢零食	地点转移至农业现代化温室，提前摆放活动桌
看实物	地点不变，为学生准备雨具
造汉字	地点不变，为学生准备雨具
乐分享	地点转移至农业现代化温室，提前摆放桌椅

6.1　预期效果

（1）"猜汉字"环节，学生看到"五谷"的"甲骨文"和"金文"形态时，会感觉非常新鲜，但要正确猜到答案有一定的难度，此处不用刻意强调结果是否正确，更多的应是从汉字的构造上进行分析，学生理解图案形象即可。

（2）"赢零食"环节，氛围会非常轻松，"稻""麦"难度不大，可以轻松配对，保证每组学生有零食可以享用。其他三种稍有难度，教师可以鼓励学生集体讨论。

（3）"看实物"环节，学生能顺利找到"五谷"栽种的对应位置，并对它们进行观察。由于学生的植物学知识还不丰富，此处需招募志愿者老师配合主讲教师一起指导，方能让学生快速准确地识别"五谷"的植物特征。

（4）在"造汉字"环节，学生积极性会很高，经过简要的汉字结构分析后（象形、指事、会意），更有利于他们创造出属于自己的图形文字。

（5）"乐分享"环节，学生将自己的创造进行展示，并简述造字的原因。大家互相交流，共同体会造字的乐趣。

6.2　呈现方式

（1）活动中学生能积极参与设计的各项活动，同老师之间具有良好的互动。

（2）活动中完成活动单和记录单。

（3）积极热烈地讨论和展示。

7　效果评价标准与方式

活动具体评价标准和方式见表6。

表 6　活动过程的评价标准和方式

活动过程	评价内容	评价标准	评价方式
准备阶段	教学物资	物资及时到位	语言定性描述
	教学场地	场地可用，无安全隐患	语言定性描述
	工作人员	人员专业，建立团队	语言定性描述
	参与学生	确定学生来源和人数	语言定性描述

（续）

活动过程	评价内容	评价标准	评价方式
实施阶段	猜汉字	能积极思考，领会"五谷"的汉字结构	教师观察
	赢零食	将"五谷"和零食进行正确配对	活动单
	看实物	掌握每种植物至少1个突出特点	活动单，教师观察
	造汉字	每个小组至少完成1个新汉字的创造	活动单
	乐分享	每个小组能展示出其所造的汉字，并说出原因	教师观察
总结阶段	总结材料完成情况	完成、详尽	整体评价和个体评价相结合

8　对青少年益智、养德等方面的作用

馒头、米饭是人们必不可少的主食之一，但是生活在城市里的少年儿童却很少知道它们对应的植物在农田里是什么样子，在变成餐桌美味之前又经历了哪些变化，他们更不了解的是，华夏先民们在 9000 年前便开始了粮食生产，在农业文明的进程中孕育出了灿烂的中华文明。

此活动的设计旨在通过粮食作物的典型代表——"五谷"来展现粮食栽培的悠久历史，让学生体会农业文化的源远流长。在教学中还创新性将汉字这一连接所有中国人的文化元素同"五谷"识别联系起来，让学生不仅了解古汉字中所蕴含的植物形态要素以及农业生产特点，更能看到古代先民如何利用自然、理解自然以及对自然的敬畏。

参考文献

廖文豪. 汉字树 3：植物里的汉字之美 [M]. 兰州：甘肃人民美术出版社，2014.

左民安. 细说汉字 [M]. 北京：中信出版社出版，2015.

1　背景与目标

1.1　背景

1.1.1　社会背景——关注热点，突出主题

2013年初，联合国粮农组织宣布2013年世界粮食日的主题为"发展可持续粮食系统，保障粮食安全和营养"，确定了该年度的关注焦点。2013年5~7月，习近平总书记在全国进行多次有关粮食生产与安全的考察，对我国的粮食安全问题发表了重要讲话，指出"粮食安全要靠自己"。在2013年"六一"儿童节来临之际，习近平总书记参加全国少年儿童"快乐童年放飞希望"主题队日活动时，向全国青少年提出了"爱学习、爱劳动、爱祖国；节水、节电、节粮"的号召，并在北京教学植物园农作物区观看孩子们体验农事活动。作为国家未来的建设者，让青少年感受祖国源远流长的农业传统文化，教育他们学习了解有关"五谷"栽培历史和当今世界关注的粮食安全问题，是十分必要的。

1.1.2　教育背景——拓宽视野，提高素质

在我国中小学生知识信息迅速膨胀与自然缺失日益严重的学情之下，基础教学新课程的价值取向已由以知识为中心转移到了学生的全面发展上，提出了课程内容选择与自然、生活、社会实践相联系，使自然、生活、社会成为课程资源，这意味着课程已不再是一份教材，自然即课程，生活即课程，社会即课程。自然是孩子最喜欢阅读的一本"教科书"，本活动的设计与实施，有利于克服书本知识和课堂教学的时空局限，拓宽学生视野和认知范围，让学生不再困惑于面粉是用什么磨成的、大米是如何加工而来的，引导学生在自然中学习，在实践中发展，提高综合素质，为成长中的孩子多洒播一缕阳光。

1.1.3　资源背景——发挥功能，体现优势

北京教学植物园隶属于北京市教育委员会，是全国唯一一所专门为中小学相关学科教学实习、科普及环境教育等提供服务的教育教学单位，园内建有农作物区，区中所设五谷园种植了人们通常所说的"五谷"，展出了"五谷与粮食安全"的一系列宣传展板，安置了"五谷知识卡通讲解小喇叭"，搭设了"看地图贴产地"的磁性互动板，学生在此可以亲眼见到日常饭桌上吃到的"五谷"植株，近距离观察它们的形态特征和生长环境。对于

---

*注：此项目获得第34届北京青少年科技创新大赛"优秀实践活动"二等奖、第29届全国青少年科技创新大赛"科技辅导员创新成果竞赛科技教育方案类"三等奖。

远离农田的学生来说，五谷园为他们提供了难得的开阔眼界、了解生活的机会，提供了能让他们进行观察体验、动手实践的资源中心和活动基地，发挥了教育功能。

1.2 目标

1.2.1 知识与技能

（1）帮助学生识别"五谷"。

（2）使学生初步了解粮食安全的概念及我国粮食安全的现状。

（3）让学生了解与"五谷"相关的传统文化和栽培历史知识。

（4）培养学生细致观察、辨别特征、识记植物的能力。

1.2.2 过程与方法

通过让学生参与观看展板、观察实物、收听"五谷"小故事等过程，直观快速地了解活动所涉及的基本知识，建立学生的概念性认识，加强视觉上的直观认识，使学生经历自主学习的过程；方法包括基本的学习方法——自主学习、合作学习、探究学习。

1.2.3 情感态度与价值观

体验"五谷"传统文化，培养学生关注身边常见事物的习惯，在潜移默化中形成粮食安全意识，树立自觉节约粮食、关注生态环境的观念。

2 活动设计思路

活动设计思路具体见图1。

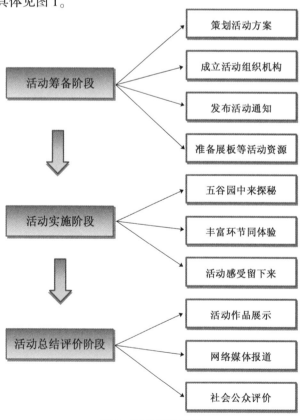

图1 活动设计思路

3 方案涉及的对象和人数

方案涉及的对象和人数见图2。

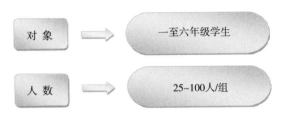

图2 活动涉及的对象和人数

4 方案的主体部分

4.1 活动内容

本活动以北京教学植物园五谷园中的5种谷物资源为基础，在8~10月谷物生长的最佳时间长期对外开展此项活动，具体由活动一（读与思、编与讲）和活动二（看与听、瞧与做）两项共四个环节组成，学生根据兴趣至少选择参与其中一项活动（表1）。

表1 活动内容简介

	活动内容	简 介	说 明
活动一	"读与思"环节	通过阅读"五谷与粮食安全展"，让学生初步了解"五谷"的基本知识，参加"看地图贴产地"活动，了解"五谷"在我国的分布，并填写活动单，巩固知识点	适合四至六年级学生参与
	"编与讲"环节	由学生自由发挥，结合自身对"五谷"的认识，编讲"五谷"小故事，或者背诵有关"五谷"的古诗，体会古人对"五谷"的情怀	
活动二	"看与听"环节	准备5个录音娃娃，让学生边看实物，边动手操作，收听录音娃娃讲"五谷"小知识，加深学生对"五谷"的认识	适合一至三年级学生参与
	"瞧与做"环节	让学生通过观察"五谷"实物，在画板上绘出所观察的"五谷"，或为"五谷"植株拍照，加深对"五谷"形态的认识	

4.2 重点、难点和创新点

4.2.1 重点

（1）帮助学生了解"五谷"的两种说法，并且学会如何识别5种谷物。

（2）培养学生对大自然的观察能力。

（3）科学技术在"五谷"生产上的应用。

（4）挖掘学生兴趣点，找到学生乐于接受、乐于动手的教学模式。

4.2.2 难点

（1）活动前期资源准备阶段。

（2）活动目标的体现。

（3）激发学生对"五谷"文化的兴趣。

4.2.3 创新点

（1）把我国传统"五谷"相关知识与文化作为活动主要内容，充分发挥五谷园的科技与文化功能。园中集合了看展览、贴产地、听五谷、画植株等多个活动环节，全方位、多角度地传播谷物科学知识与粮食安全常识。

（2）以形象可爱的卡通造型——录音娃娃作为"五谷"植物知识的播报员（图3），由参与者自行控制，增加了趣味性和创新性，突破了教师与学生"口传心授式"的传统教学模式，激发学生主动学习的兴趣。

（3）考虑学生年龄和理解能力的不同，分别设计两项活动共四个环节，活动内容丰富不单一。活动一侧重于理解记忆，适合年龄稍大的学生；活动二侧重于直观感受，适合年龄稍小的学生，丰富活动内容的同时，提高了方案可操作性，也有利于分层次教学。

图 3 播报员

4.3 利用的各类科技教育资源

利用的各类科技教育资源见表2。

表 2 科技教育资源的具体内容

科技教育资源	具体内容
硬件资源	北京教学植物园农作物区的五谷园、教学展板、产地互动磁性展板、录音娃娃、录音材料、活动单、扩音器、塑封机、垫板、彩色纸、彩笔等
人力资源	北京教学植物园技术科养护工作组

4.4 活动过程和步骤

4.4.1 学生选择参与活动（3分钟）

教师把参与活动的选择权交给学生，让学生根据自己的兴趣爱好选择至少参加一项。活动一（读与思、编与讲）与活动二（看与听、瞧与做）的难易程度有所不同，根据学生的年龄特点和已有知识经验不同进行设计，有利于分层次教学，但也鼓励有兴趣的学生两项活动都参加，丰富活动内容。

4.4.2　活动一"读与思"环节（10分钟）

活动教师引导学生阅读活动展板，并解答展板内容，展板图文并茂地分别介绍5种谷物的生态习性、栽培历史、产地分布、食用价值和粮食安全小知识等，让学生初步了解"五谷"的基本常识与文化知识。阅读展板后，首先参加"看地图贴产地"活动，让学生轻松了解"五谷"在我国的主要产地分布情况。随后，学生填写活动单，对展板上的知识点进行一次巩固与记忆，同时检验学生在活动中的学习效果（图4~图7）。

图4　"五谷"与粮食安全展展板画面

图5　活动教师为学生解读活动展板

图6　学生积极参加"看地图贴产地"活动

图 7　活动单

4.4.3　活动一"编与讲"环节（7 分钟）

活动教师引导学生编讲"五谷"与人类、与生活等息息相关的小故事，或背诵"五谷"古诗，体会古人对"五谷"的情怀（图 8）。

4.4.4　活动二"看与听"环节（10 分钟）

活动教师引导学生依次观看园内的 5 种谷物植株，让学生真正见到"五谷"长在地里的样貌，观察"五谷"植物的叶形、谷穗等形态特征。随后，教师指导学生使用录

图 8　一名学生背诵《悯农》

音娃娃收听"五谷"小知识，使学生边看实物，边了解其名字、俗称、特性、食用价值和栽培历史等方面的科学小知识。

4.4.5　活动二"瞧与做"环节（15 分钟）

活动教师带领学生仔细观察长在地里的"五谷"植物，学生可以为其所观察的"五谷"植物画一幅画，画下"五谷"植物的果实、叶子或全株的样貌。除了画画，对拍照有兴趣的同学也可以寻找自己喜欢的"五谷"植物，拍下"五谷"植物的果实、叶子等器官。通过画画或拍照的方式，能够培养学生对植物仔细观察的能力，加深学生对"五谷"植物形态方面的认识，让学生真正从兴趣出发，带着一颗充满好奇的心，在"玩中

学""做中学"，达到教学目标（图9、图10）。

图9　学生聚精会神地画旱稻　　　　图10　"五谷"植物绘画作品展示

4.4.6　活动感受留言（5分钟）

活动结束后，学生可以在活动留言板上书写最真实的感受，表达参与活动的收获与体会（图11）。同时，留言可以作为活动效果反馈的一部分。

图11　学生纷纷写下活动感受

5　可能出现的问题及解决预案

5.1　教具出现问题

录音娃娃为左手录音，右手播放，学生使用时，活动教师已经完成了录音，因此，指导学生操作录音娃娃时，教师会强调左右手的功能，但不排除有个别学生理解错误，按错键，销毁了录音。因此，需要为每种谷物准备一个备用的录音娃娃，在必要时能够及时替换出现问题的娃娃。

5.2 学生安全问题

五谷园作为本活动的教学活动场地，道路铺装为宽 1 米、高出地面 10 厘米左右的木栈道，可能出现因拥挤、追逐或玩耍而跌倒的情况。因此，学生在进入活动场地后，首先活动教师需要对学生进行警告性的提醒，强调安全问题，其次在组织开展活动过程中，应反复强调注意脚下安全。

6 预期效果与呈现方式

6.1 预期效果

活动的具体内容和知识难易程度与学生的接受能力和思维方式相适应，活动设计的环节从学生的身心发展特点、兴趣爱好出发，让学生学习适合他们生长发展特点的社会生活方面的知识，巧妙运用多种教学手段，充分调动学生的积极性和主动性，使学生形成主动学习的意识。主要表现在方案真正从学生的生活世界出发，从多方面满足学生需求，吸引参与过活动的学生想要再次参加、再多学些知识，促进学生全面健康地成长。具体表现在以下几个方面：

（1）参加"读与思"环节的学生能够说出"五谷"具体指哪 5 种谷物。

（2）参加"编与讲"环节的学生能够背诵《悯农》的诗句。

（3）参加"看与听"环节的学生能够简单复述录音娃娃播放的内容，并且能够辨别 5 种谷物植株。

（4）参加"瞧与做"环节的学生能够画出谷物的基本形态特征。

6.2 呈现方式

（1）活动中教师的提问与学生的回答。

（2）收集的活动单填写内容。

（3）收集并展出的绘画作品。

7 效果评价标准与方式

为体现评价的公平性和科学性，以评价促进活动的有效开展和更好地达到教学目标，在活动中的每个环节，都应及时评价反馈，本次活动具体评价标准和方式见表 3。

表 3 评价标准和方式

活动过程	评价内容	评价标准	评价方式
活动筹备阶段	教学场地、科普展板、资料、器材等资源的准备情况	资源准备齐全到位	语言定性述评
活动过程实施阶段	活动方案与学生参与情况	活动方案设计是否具有可操作性、科学性；学生参与活动是否积极主动	教学性评价和形成性评价相结合，学生自评和教师评价相结合
活动总结阶段	总结材料的完成情况	总结材料是否完整、详细	整体评价和个体评价相结合

8 活动实施方案效果检验

8.1 学校积极参与，活动形成规模

本方案自8月实施以来，参与的学生包括了光华路小学、光明小学、崇文科技馆、门头沟黑山小学等10多所教学单位集体，所有参与其中的老师和学生，都表现出了极高的参与度。学生与老师一起在五谷园中寻找馒头和米饭的对应植物，图文并茂地描绘作物生长状况和节约粮食的重要性。本活动同时作为10月"绿色北京青少年自然体验活动"的子项目，共接待了来自全市的公众总计约3000人次，活动共收集学生填写的活动单3000余张，绘画作品1000余份。

8.2 活动留言，表达学生真情实感

8.2.1 "五谷园非常好玩，活动一点也不难"

通过学生真切的留言和活动中的表现，可以看出，活动基本达到了"玩中学、想中学、做中学"的实践目标。

8.2.2 "学到了知识，见到了很多没见过的作物"

有一条留言这样写道："我知道了水稻的果实是米粒。"想一想，大米是孩子们最常吃的主食，但可能知道大米是稻谷经过加工而来的学生却不在多数。因此，活动通过学生参与观看展板、观察实物、收听"五谷"小知识等过程，引导学生识别身边最常见、最常吃的作物，普及最贴近学生日常生活的"五谷"知识，为远离农田的学生提供一个开阔眼界、增长知识、培养兴趣、体验生活的学习园地。

8.2.3 "这里真好，以后常来"

活动内容和形式充分调动了学生关注身边常见事物的好奇心，激发了学生的求知欲望，让学生体会到了实践学习的快乐。活动方案真正从学生的生活世界出发，从多方面满足学生需求，吸引参与过活动的学生想要再次参加、再多学些知识，促进学生全面健康地成长。

8.3 网络媒体报道

北京教学植物园及合作资源单位都对本活动进行了报道和讨论，参与活动的微博网友也纷纷发表评价。同时，作为10月"青少年自然体验活动"开放项目之一，本活动也受到了学生和家长的广泛认可。

9 对青少年益智、养德等方面的作用

"五谷"作为我们餐桌上的重要食物，保障了我们最基本的生理需求，其在我们日常生活中的地位不可动摇。本活动以"体验五谷科学文化 传播粮食安全常识"为主题展开，通过参与本活动，学生可以了解很多与他们息息相关的"五谷"科学知识，学到书本上学不到的小知识，生动有趣的活动过程能够激发学生的学习兴趣。

通过观看展板、背诵古诗，引导学生识别身边最常见、最常吃的作物，了解"粮食安全"热点话题，体会古人对"五谷"的情怀，使学生形成节约粮食、爱惜粮食的优秀品

德；通过观察"五谷"植株的形态，为"五谷"植株画幅画或拍张照，可以培养学生的动手能力，激发学生的创作能力，最终达到培养学生实践能力和创新精神，提高学生科学素养，使学生全面发展的目的。

参考文献

李可. 2013 年世界粮食日和全国爱粮节粮宣传周活动在北京举行 [J]. 粮食流通技术，2013（5）：4.

沈文龙，金雪林. 科学教育课程资源的开发与利用 [J]. 新教育，2013（22）：33-34.

1 背景与目标

1.1 背景

1.1.1 教育背景——拓宽视野，提高素质

青少年是祖国未来的建设者，是我国社会主义事业的接班人。他们的综合素质如何，直接关系到国家的前途和民族命运。而综合实践活动为每一个学生个性的充分发展创造了空间。它是《九年制义务教育课程计划》所规定的小学三至六年级的一门必修课程。新课程实施以来，课程的价值取向已由以知识为中心转移到了学生的全面发展上，提出了课程内容选择与自然、生活、社会实践相联系，使自然、生活、社会成为课程资源，这意味着课程已不再是一份教材，自然即课程，生活即课程，社会即课程。本活动的设计与实施，有利于克服书本知识和课堂教学的时空局限，拓宽学生视野和认知范围，让学生不再困惑于面粉是用什么磨成的、大米是如何加工而来的，引导学生在自然中学习，在实践中发展，提高综合素质。

1.1.2 资源背景——发挥功能，体现优势

北京教学植物园隶属于北京市教育委员会，是全国唯一一所专门为中小学相关学科教学实习、科普及环境教育等提供服务的教育教学单位，是"全国科普教育基地""北京市科普教育基地"，园内建有农作物区，区中所设五谷园种植了人们通常所说的"五谷"，学生在此可以亲眼见到日常饭桌上吃到的"五谷"植株，近距离观察它们的形态特征和生长环境。对于远离农田的学生来说，五谷园为他们提供了难得的开阔眼界、了解生活的机会，提供了能让他们进行观察体验、动手实践的资源中心和活动基地，发挥了教育功能。

1.1.3 社会背景——亲近自然，认识"五谷"

自然是孩子最喜欢阅读的一本"教科书"，科普教育的内容是从身边取材，引导学生对身边常见事物和现象的特点、变化规律产生兴趣和探究的欲望。当前，有人说，科学是我们的"五谷杂粮"，因为科学对于每个人而言都是必不可少的。要知道，如果没有科学，就不会有新时代的飞速发展，也就不会有我们的今天。而人吃五谷杂粮，也要讲究科学，讲究安全、有效地吸收"五谷"的精华。本活动正是在此基础上产生的，让学生在轻松愉

---

*注：此项目获得第34届北京青少年科技创新大赛"科技辅导员创新成果竞赛科技教育方案类"一等奖、第34届北京青少年科技创新大赛《中国科技教育》杂志专项奖。

悦的氛围中亲近自然，感受"五谷"对粮食安全的重要意义，通过他们实际操作过程中的感官运用、动手动脑去探索发现其中的奥秘。

1.2　目标

1.2.1　知识与技能

（1）掌握"五谷"指哪 5 种谷物。

（2）识别 5 种谷物。

（3）了解粮食安全的概念及我国粮食安全的现状。

（4）培养学生获取、收集、处理、运用信息的能力及创新精神和实践能力。

1.2.2　过程与方法

通过让学生参与观看展板、观察实物、收听"五谷"小故事等过程，直观快速地了解活动所涉及的基本知识，建立学生的概念性认识，加强视觉上的直观认识，使学生经历自主学习的过程；方法包括基本的学习方法——自主学习、合作学习、探究学习。

1.2.3　情感态度与价值观

体验"五谷"传统文化，关注身边常见事物，树立起自觉节约粮食的观念。

2　方案涉及的对象和人数

（1）对象：适合小学一至六年级学生。

（2）人数：24 人/次，活动由四个环节组成，每个环节 6 人参与较为适宜。

3　方案的主体部分

3.1　活动内容

本活动以北京教学植物园五谷园中的 5 种谷物资源为基础开展，由活动一（读与思、编与讲）和活动二（看与听、瞧与做）两项共四个环节组成，学生根据兴趣至少选择参与其中一项。读与思环节，通过阅读"五谷与粮食安全展"，让学生初步了解"五谷"的基本知识，参加看地图贴产地活动，了解"五谷"在我国的分布，并填写活动单，巩固知识点；编与讲环节，由学生自由发挥，结合自身对"五谷"的认识，编讲"五谷"小故事，或者背诵有关"五谷"的古诗，体会古人对"五谷"的情怀；看与听环节，准备5个录音娃娃，让学生边看实物，边动手操作，收听录音娃娃讲"五谷"小知识，加深学生对"五谷"的认识；瞧与做环节，让学生通过观察"五谷"实物，在画板上绘出所观察的"五谷"，或为"五谷"植株拍照，加深对"五谷"形态的认识。

3.2　重点、难点和创新点

3.2.1　重点

观看展板，掌握基础知识。

3.2.2　难点

（1）分辨 5 种谷物。

（2）根据现场掌握知识，结合自身体会，编讲"五谷"小故事。

3.2.3 创新点

（1）录音娃娃乐趣多。利用录音娃娃，录制"五谷"小知识，在五谷园内分别为5种谷物放上录音娃娃，让学生自己动手播放并收听录音娃娃讲述"五谷"小知识，而不是单一听活动教师介绍，增加了趣味性和创新性。

（2）活动内容丰富不单一。考虑学生年龄和理解能力的不同，分别设计两项活动共四个环节，活动一侧重于理解记忆，适合年龄稍大的学生，活动二侧重于直观感受，适合年龄稍小的学生，丰富活动内容的同时，提高了方案可操作性，也有利于分层次教学。

3.3 利用的各类科技教育资源

（1）场所：北京教学植物园五谷园。

（2）资料：教学展板、录音材料、活动单等。

（3）器材：录音娃娃、扩音器、教鞭、磁性展板、垫板、彩色纸、彩笔等。

3.4 活动过程和步骤

3.4.1 学生选择参与活动（3分钟）

教师把参与活动的选择权交给学生，让学生根据自己的兴趣爱好选择至少参加一项。活动一（读与思、编与讲）与活动二（看与听、瞧与做）的难易程度有所不同，根据学生的年龄特点和已有知识经验不同而设置，有利于分层次教学，但也鼓励有兴趣的学生两项活动都参加，丰富活动内容。

3.4.2 活动一"读与思"环节（10分钟）

活动教师引导学生阅读活动展板，并解读展板内容（图1）。展板图文并茂地分别介绍5种谷物的生态习性、栽培历史、产地分布、食用价值和粮食安全小知识等，让学生初步了解"五谷"的基本常识与文化知识。阅读展板后，首先，参加"看地图贴产地"活动，让学生轻松了解"五谷"在我国的主要产地分布情况。随后，学生填写活动单，对展板上的知识点进行一次巩固与记忆，同时，检验学生在活动中的学习效果。

图1 活动教师为学生解读活动展板内容

3.4.3 活动一"编与讲"环节（7分钟）

活动教师引导学生编讲"五谷"与人类、与生活等息息相关的小故事，或背诵"五谷"古诗，体会古人对"五谷"的情怀（图2）。

3.4.4 活动二"看与听"环节（10分钟）

活动教师引导学生依次观看园内

的 5 种谷物植株，让学生真正见到"五谷"长在地里的样貌，观察"五谷"植株的叶形、谷穗等形态特征。随后，教师指导学生使用录音娃娃收听"五谷"小知识，使学生边看实物，边了解其名字、俗称、特性、食用价值和栽培历史等方面的科学小知识（图 3）。

图 2　一名学生背诵《悯农》　　　　　图 3　学生一边听录音娃娃播报大豆的常识，
　　　　　　　　　　　　　　　　　　　　　　　一边观察大豆植株

3.4.5　活动二"瞧与做"环节（15 分钟）

活动教师带领学生仔细观察长在地里的"五谷"植株，学生可以为其所观察的"五谷"植株画一幅画，画下"五谷"植株的果实、叶子或全株的样貌。除了画画，对拍照有兴趣的同学也可以寻找自己喜欢的"五谷"，拍下"五谷"植株的果实、叶子等器官。通过画画或拍照，加深学生对"五谷"形态方面的认识，让学生真正从兴趣出发，带着一颗充满好奇的心，在"玩中学""做中学"，达到教学目标（图 4）。

3.4.6　活动感受留言（5 分钟）

活动结束后，学生可以在"活动留言板"上书写最真实的感受，表达参与活动的收获与体会（图 5）。同时，留言可以作为活动效果反馈的一部分。

图 4　学生观察大豆植株并用画笔画出　　图 5　学生纷纷写下活动感受
　　　　大豆植株的样貌

4 可能出现的问题及解决预案

4.1 教具出现问题

录音娃娃为左手录音，右手播放，学生使用时，活动教师已经完成了录音。指导学生操作录音娃娃时，教师会强调左右手的功能，但不排除有个别学生理解错误，按错键，销毁了录音，因此，需要为每种谷物准备一个备用的录音娃娃，在必要时能够及时替换出现问题的娃娃。

4.2 学生安全问题

五谷园作为本活动的教学活动场地，道路铺装为宽1米、高出地面10厘米左右的木栈道，可能出现因拥挤、追逐或玩耍而跌倒的情况。因此，学生在进入活动场地后，首先活动教师需要对学生进行警告性的提醒，强调安全问题；其次，在组织开展活动的过程中，应反复强调注意脚下安全。

5 预期效果与呈现方式

5.1 预期效果

（1）参加"读与思"环节的学生能够说出"五谷"具体指哪5种谷物。
（2）参加"编与讲"环节的学生能够背诵《悯农》的诗句。
（3）参加"看与听"环节的学生能够简单复述录音娃娃播放的内容。
（4）参加"瞧与做"环节的学生能够画出谷物的基本形态特征。

5.2 呈现方式

（1）活动中教师的提问与学生的回答。
（2）收集的活动单。
（3）收集并展出的绘画作品。

6 效果评价标准与方式

为体现评价的公平性和科学性，以评价促进活动的有效开展和更好地达到教学目标，在活动中的每个环节，都应及时评价反馈，本次活动具体评价标准和方式见表1。

表1 活动的评价标准及方式

活动过程	评价内容	评价标准	评价方式
活动筹备阶段	教学场地、科普展板、资料、器材等资源的准备情况	资源准备齐全到位	语言定性述评
基础知识普及阶段	学生参与活动的情况	学生参与过程中表现出来的积极性、主动性和独立性以及活动单填写的完整性	教学性评价、形成性评价

（续）

活动过程	评价内容	评价标准	评价方式
活动过程实施阶段	活动方案与学生参与情况	①活动方案设计是否具有可操作性、科学性。②学生参与活动是否积极主动	教学性评价和形成性评价相结合，学生自评和教师评价相结合
活动总结阶段	总结材料的完成情况	总结材料是否完整、详细	整体评价和个体评价相结合

7 对青少年益智、养德等方面的作用

"五谷"作为我们餐桌上的重要食物，保障了我们最基本的生理需求，其在我们日常生活中的地位不可动摇。本活动以"体验五谷传统文化，传播粮食安全常识"为主题展开，通过参与本活动，学生可以了解很多与他们息息相关的"五谷"科学知识，学到书本上学不到的小知识，生动有趣的活动过程能够激发学生的学习兴趣。

通过观看展板、背诵古诗，引导学生识别身边最常见、最常吃的作物，了解"粮食安全"热点话题，体会古人对"五谷"的情怀，使学生形成节约粮食、爱惜粮食的优秀品德；通过观察"五谷"植株的形态，为"五谷"植株画幅画或拍张照片，可以培养学生的动手能力，激发学生的创作能力，最终达到培养学生实践能力和创新精神，提高学生科学素养，使学生全面发展的目的。

1 背景与目标

1.1 背景

1.1.1 社会背景——"五位一体"与"五大发展理念"

党的十八大把生态文明建设纳入"五位一体"总体布局，提出了树立尊重自然、顺应自然、保护自然的生态文明理念。在文化建设方面，提出要扎实推进社会主义文化强国建设，建设优秀传统文化传承体系，弘扬中华优秀传统文化。党的十八届五中全会提出了"创新、协调、绿色、开放、共享"的五大理念，五大理念统一于"五位一体"的总体布局，引领"五位一体"的建设。用创新发展的理念来引领教育创新、用绿色发展理念引领生态教育、用开放发展理念引领教育开放，这是五大理念在校外教育工作上的引领。

牡丹是中华名花，是能体现中华传统文化的花卉之一。从唐代以来，它那雍容艳丽的硕大花朵就象征了吉祥富贵，因而成为民间广泛喜爱的花卉并衍生出了与其相关的文化。牡丹文化在促进人与自然和谐共存、促进城市发展方面有着重要的价值。因而，以牡丹为切入点，面向未成年人开展文化、科学、艺术相融合的开放式的绿色教育活动，对于弘扬传统文化、培育生态文明理念具有重要意义。

1.1.2 教育背景——"核心素养"与"课程标准"要求

人文底蕴、科学精神、学会学习、健康生活、责任担当、实践创新六大素养是《中国学生发展核心素养》中提及的学生应具备的六大素养，是一个人能够适应终身发展和社会发展需要的必备品格和关键能力，其核心是为了培养"全面发展的人"。《小学科学课程标准》里生命世界部分指出"要让学生接触生动活泼的生命世界……，能意识到植物与人类生活的密切关系"。《小学语文课程标准》中指出"认识中华文化的丰厚博大，吸收民族文化智慧"。本活动以培养学生的核心素养为出发点，在活动设计时以学生身边熟悉的事物为切入点，将自然与人文相结合，打破"学科本位"，采用自然体验与实验探究相结合的教学活动形式，创设有助于学生主动探究的学习情境，使学生通过亲身体验、参与的过程，个人素养得到发展。

＊注：此项目获得第37届北京青少年科技创新大赛"科技辅导员创新成果竞赛科技教育方案类"一等奖。

1.1.3 学情背景——生活经验与思维发展的需求

小学中高年级学生的认知处于具体运算阶段向形式运算阶段过渡期，思维的基本特点是从以具体形象思维为主要形式逐步过渡到以抽象逻辑思维为主要形式，这种抽象逻辑思维在很大的程度上仍然是直接与感性经验相联系的，仍然具有很大成分的具体形象性；同时，这个阶段的学生能够迅速获得认知操作能力，并能运用这些重要的技能思考事物；还初步具备归纳推理的科学思维方式。对这个学龄段的学生来说，牡丹既熟悉又陌生，虽然在日常的休闲生活时有接触，但却缺乏从科学的思维和方法上对其进行探究，对其文化也缺乏相关了解。因而，以学生已有生活经验为出发点，开展文化与科学相结合的探究性活动，可以培养学生关注传统文化、用科学思维解决身边问题的习惯。

1.1.4 场馆背景——发挥功能，体现优势

开展本活动的场所——北京教学植物园是全国唯一一家面向中小学生开展环境教育的教育单位，拥有丰富的植物资源与开展探究活动的实验设施，是开展环境教育、生态文明教育、实践教学的理想场所。北京教学植物园拥有牡丹专类园，在牡丹花盛开之际学生置身于这种教学情境中，有助于激发学习欲望，调动主动探索知识和发现问题的意愿。

1.2 目标

1.2.1 知识与技能

知道最早记录牡丹的著作，能够背诵1首与牡丹相关的唐诗；学会运用植物观察技能辨别牡丹和芍药；通过实验理解花青素与花色的关系；提高手眼协调能力及艺术创作能力。

1.2.2 过程与方法

通过自主学习牡丹文化知识的过程，获取、处理信息的能力得到提高；通过实验假设与操作的过程，能掌握归纳推理的科学方法与实验操作方法；通过讨论牡丹花王之争的问题，提高社会事务的参与能力；以团体形式参与竞赛、展示的过程，提高自身的责任担当、团队合作能力；通过师生集体交流分享的过程，提升语言表达能力。

1.2.3 情感态度与价值观

能理解和尊重与牡丹相关的文化艺术；感悟到植物在人类文化生活、城市发展中的重要作用；养成用科学手段来解释生活现象的思维与习惯。

2 活动设计思路

活动设计思路详见图1。

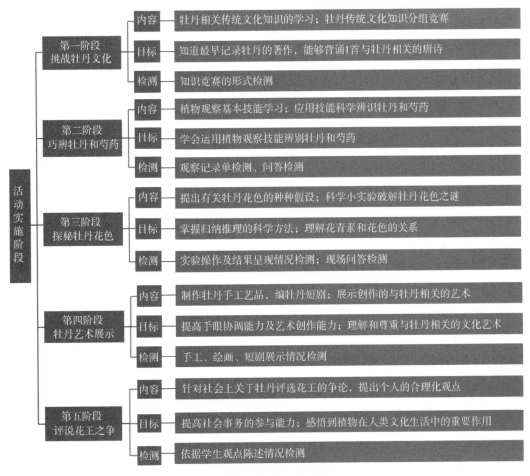

图1　活动设计思路

3　方案涉及的对象和人数

小学四至六年级学生，本项活动宜采用分班分组活动，每班容纳人数不超过30人，每组3~4人为宜。

4　方案的主体部分

4.1　活动内容

本活动充分利用北京教学植物园室外植物标本区、探究实验室资源，组织学生开展人文与自然相结合的探究活动，以牡丹专类园的牡丹为切入点，设置植物文化、植物科学、植物与人类生活和社会环境相关的活动内容，引导学生在文化基础、自主发展和社会参与三个层面都得到发展。活动由如下五个阶段组成。

第一阶段：挑战牡丹知识。主要内容为：牡丹相关传统文化知识的学习；牡丹传统文化知识分组竞赛。

第二阶段：巧辨牡丹和芍药。主要内容为：植物观察基本技能学习；应用技能科学辨识牡丹和芍药。

第三阶段：探秘牡丹花色。主要内容为：提出有关牡丹花色的种种假设；科学小实验破解牡丹花色之谜。

第四阶段：展示牡丹艺术。主要内容为：制作牡丹手工艺品，编牡丹短剧；展示创作的与牡丹相关的艺术。

第五阶段：评说花王牡丹。主要内容为：针对社会上关于牡丹评选花王的争论，提出个人的合理化观点。

本活动以教师引导、学生自主学习为主。从学生最熟悉的事物入手，层层深入，逐步探讨与牡丹相关的文化、艺术、科学问题，引导学生应用科学的态度参与社会事务的解决。

4.2　重点、难点和创新点

4.2.1　重点

学会运用植物观察技能辨别牡丹和芍药；通过实验理解花青素与花色的关系；感悟到植物在人类文化生活、城市发展中的重要作用。

4.2.2　难点

理解花青素与花色的关系；感悟到植物在人类文化生活、城市发展中的重要作用。

4.2.3　创新点

（1）内容的创新：引入牡丹当选国花的争论，提高学生参与公共事务的能力；引入牡丹与生活相关的艺术展示活动，一方面激发学生的艺术创造力，另一方面让学生体验到牡丹与人类生活密切相关。

（2）形式的创新：在活动中引入微信直播的形式，增强活动的互动性与体验性，激发学生的学习兴趣。

4.3　利用的各类科技教育资源

（1）场所：北京教学植物园牡丹专类园、探究实验室（带多媒体播放系统）。

（2）资料：网络数据库、书籍、相关文献。

（3）器材和用具：不同色彩的牡丹新鲜花材；研钵、纱布、烧杯、试管、滴瓶、10%食用碱面（$NaCO_3$）水溶液、白醋；牡丹文化溯源学习手册、活动单、铅笔；iPad 或智能手机、无线 Wi-Fi。

4.4　活动过程和步骤

4.4.1　活动准备

（1）学生准备：通过网络、书籍自行学习有关牡丹的文化知识；提前加入教学微信群，并学会查看微信群信息。

（2）教师准备：确定活动主题，撰写活动方案、活动计划；发布活动通知；准备活动安全预案，落实安全管理工作；设计制作活动小手册，准备活动材料等。

4.4.2　活动主体阶段

4.4.2.1　第一阶段：挑战牡丹文化（35分钟）

本阶段活动在牡丹盛开的 4 月举行，学生身处北京教学植物园牡丹专类园，伴随着扑面而来的牡丹花香和优美的牡丹之歌，以小竞赛的形式开展关于牡丹文化的学习活动

（表1、图2~图4）。

表1 第一阶段开展牡丹文化的学习活动

活动环节	教 师	学 生	意 图
活动热身——看牡丹直播（5分钟）	互联网教学体验：①引导学生打开手机微信群界面，并与身在洛阳中国国花园的教师建立视频连接。②异地教师介绍第34届洛阳牡丹文化节的大概情况，并通过视频展示洛阳中国国花园的活动盛况。③由洛阳牡丹文化节引出本次活动主题	①进入微信课堂。②观看洛阳牡丹文化节盛况直播。③倾听教师介绍	以社会热点事件为切入点，以新颖直观的形式呈现给学生，学生从情感上更容易引起共鸣，激发学习热情
活动开始——学牡丹知识（15分钟）	①介绍竞赛规则，发放《溯源牡丹文化》小手册。②播放牡丹之歌，巡视各组自学牡丹文化知识情况，并做好相关问题解答	①认真聆听竞赛活动规则。②通过《溯源牡丹文化》小手册及网络学习牡丹历史、诗词、艺术等方面的知识	为学生创设可以闻着花香、听着音乐的教学情境，通过分组自学的形式，培养学生学会学习、乐学善学的能力
活动开始——赛牡丹知识（10分钟）	①组织各组学生开展由2个必答题和3个抢答题组成的小竞赛活动。②为各组同学发放牡丹纪念书签	①各组学生积极参与竞赛活动。②接受活动纪念小礼物	小组竞赛的形式，既有利于培养学生的责任担当和团体意识，也促进学生对所阅读的牡丹文化知识的巩固和理解
活动尾声——谈牡丹兴衰（5分钟）	①小结5个竞赛题目的相关知识。②问题呈现：牡丹兴盛时期的社会特点？	①认真倾听相关知识小结。②思考并回答问题	学生能进一步理解和尊重牡丹文化，理解牡丹的发展与社会发展的相关性

图2 牡丹文化小册子封皮

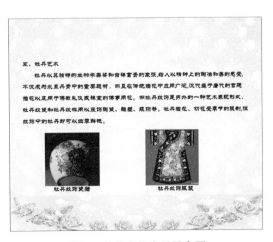

图3 牡丹文化小册子内页

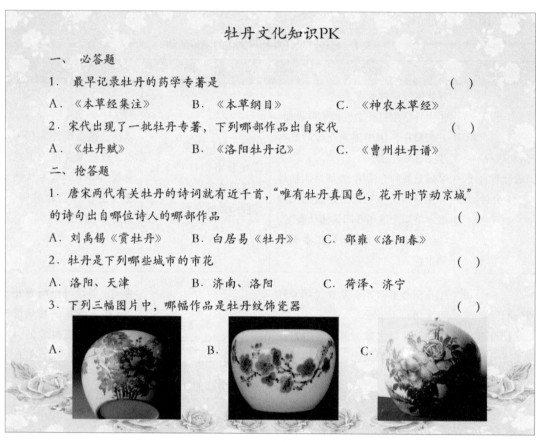

图4　牡丹文化知识小竞赛试题

4.4.2.2　第二阶段：巧辨牡丹和芍药（25分钟）

本阶段的活动中，学生走进牡丹专类园，与牡丹、芍药近距离接触，辨析牡丹和芍药（表2、图5）。

表2　第二阶段开展牡丹文化的学习活动

活动环节	教　师	学　生	意　图
活动热身—— 牡丹诗词朗诵会 （3分钟）	①引导学生朗诵刘禹锡的《赏牡丹》。 ②介绍诗中3种植物，引出姊妹花芍药	①朗诵《赏牡丹》。 ②思考牡丹与芍药的区别	以竞赛中的诗为导入，起到承上启下作用，有利于活动顺畅开展
活动高潮—— 巧辨牡丹和芍药 （15分钟）	①以两位同学互相介绍相貌特征为例，引出观察植物的技能要领。 ②介绍牡丹、芍药观察记录表，发放观察记录表	①理解观察植物技能的要领。 ②根据记录表的要求，对牡丹和芍药的几个性状进行观察，并以图文的形式记录	锻炼学生应用所学技能解决问题的能力

（续）

活动环节	教　师	学　生	意　图
活动尾声—— 分享与交流 （7分钟）	①组织学生汇报观察情况。 ②小结牡丹与芍药的关键区别	①各组汇报任务的完成情况。 ②认真倾听	①学生的语言表达能力和综合概况能力得到锻炼。 ②准确区分牡丹和芍药

图5　巧辨牡丹和芍药记录单

4.4.2.3　第三阶段：探秘牡丹花色（45分钟）

本阶段以牡丹专类园中现有不同花色牡丹为切入点，引导学生思考植物的花色之谜（表3、图6~图8）。

表3　第三阶段开展牡丹文化的学习活动

活动环节		教　师	学　生	意　图
活动热身——发现缤纷牡丹（5分钟）		①呈现花色缤纷的牡丹图片。②引导学生在园区中观赏色彩不同的牡丹，并收集即将散落的花瓣。③引导学生思考：牡丹为什么会表现出这么多的花色？植物的花色受什么影响？	①学生观看教师呈现的图片。②在园区中边欣赏边寻找色彩不同的牡丹。③思考牡丹花色原因	培养学生的问题意识和善于独立思考的能力
活动高潮——探秘牡丹花之谜（30分钟）	方案假设（15分钟）	①引导学生从内外部原因推理影响牡丹花色的因素。②综合学生讨论结果，将这个假设归结为花瓣细胞内部色素物质与外部光源影响。③引导学生设计花瓣细胞中的这种物质与花色有关的实验，可以引导学生从酸碱、温度、氧气条件控制几个角度设计	①学生思考、分组讨论与花色有关的内外部因素。②学生尝试设计不同控制因素下色素物质表现的小实验	①引导学生形成科学推理的思维方法。②培养学生勇于探索和创新的意识
	实验操作——花青素与花的色彩（15分钟）	①引入酸碱对花瓣浸提液影响小实验。②分步介绍实验方法，并示范。③强调实验中研钵的使用方法、滴管的使用方法	①倾听实验方法及注意事项。②按要求进行实验操作，观察记录实验现象，完成实验记录单	①学生通过操作练习，初步学会研钵和滴管的使用方法。②理解植物花瓣细胞中存在色素物质，且其随细胞液酸碱度不同会呈现出不同的色彩
活动尾声——分享与交流（10分钟）		①引导各组展示实验结果。②引导学生归纳不同小组实验结果的相同点和不同点。③小结牡丹花色成因的相关因素	①各组汇报实验结果。②分析不同小组间结果的相同点与不同点。③倾听、思考	①为学生创造表达自我观点的机会。②培养学生用应用归纳的科学方法分析问题

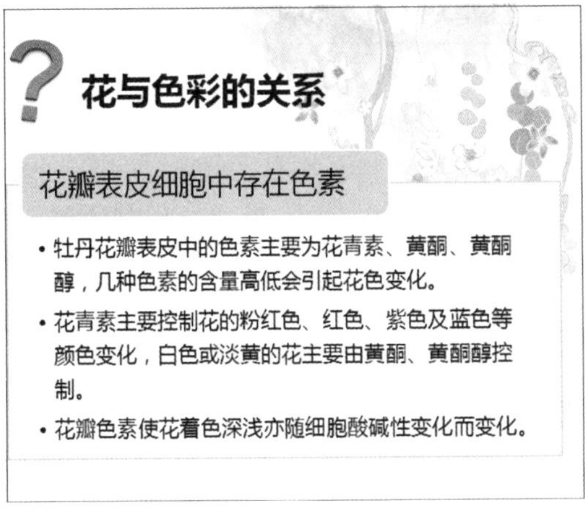

花与色彩的关系

花瓣表皮细胞中存在色素

- 牡丹花瓣表皮中的色素主要为花青素、黄酮、黄酮醇，几种色素的含量高低会引起花色变化。
- 花青素主要控制花的粉红色、红色、紫色及蓝色等颜色变化，白色或淡黄的花主要由黄酮、黄酮醇控制。
- 花瓣色素使花着色深浅亦随细胞酸碱性变化而变化。

图6　花色之谜小结PPT（Ⅰ）

花与色彩的关系

色彩的感觉离不开光

- 不透明物体的颜色由它反射的色光决定。之所以看到某种色彩的花朵，是为因它吸收了其他色光，只反射了某种色光。

太阳光经过三棱镜折射后，发生光的色散现象，形成一条由红橙黄绿蓝靛紫颜色组成的光带。

图7　花色之谜小结PPT（Ⅱ）

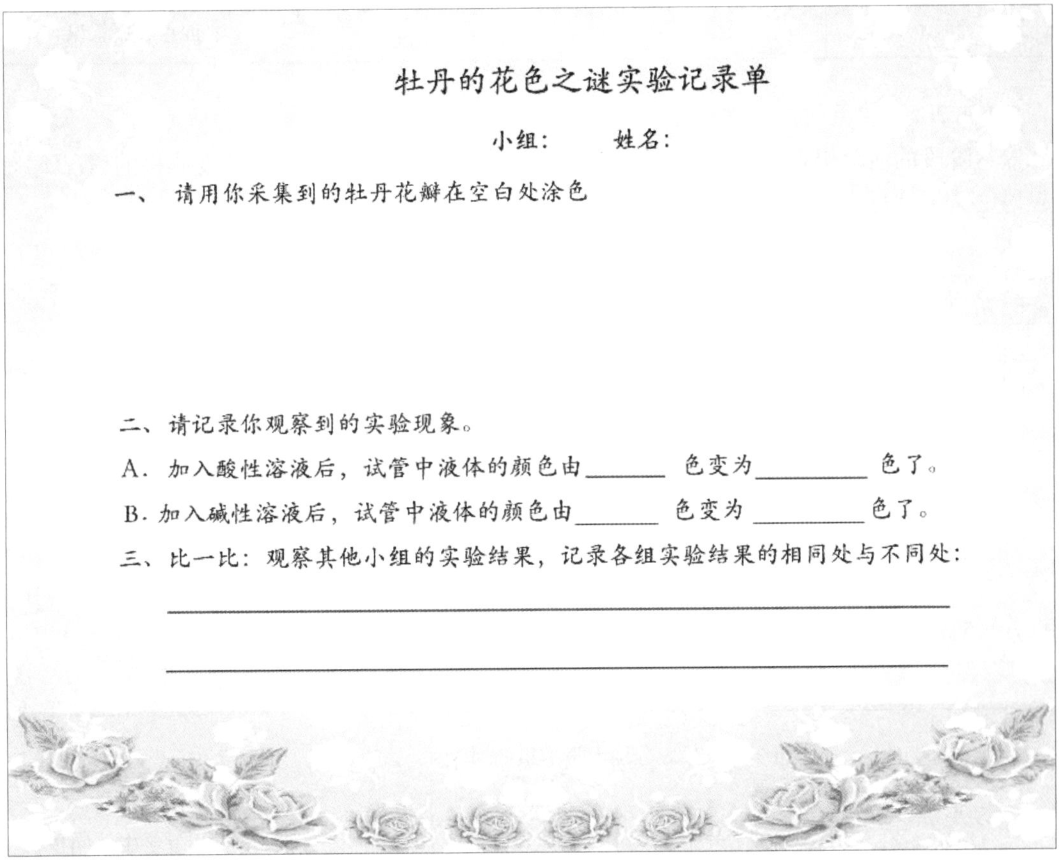

牡丹的花色之谜实验记录单

小组：　　　姓名：

一、　请用你采集到的牡丹花瓣在空白处涂色

二、　请记录你观察到的实验现象。

A．加入酸性溶液后，试管中液体的颜色由＿＿＿＿色变为＿＿＿＿＿色了。

B．加入碱性溶液后，试管中液体的颜色由＿＿＿＿色变为＿＿＿＿＿色了。

三、　比一比：观察其他小组的实验结果，记录各组实验结果的相同处与不同处：

图8　牡丹的花色之谜实验记录单

4.4.2.4　第四阶段：展示牡丹艺术（30分钟）

本阶段的活动选在牡丹专类园附近的休闲区域进行，组织学生开展关于牡丹与生活相关的艺术专题活动设计与展示（表4）。

表4 第四阶段开展牡丹文化的学习活动

活动环节	教 师	学 生	意 图
展示牡丹国画 （2分钟）	教师以国画《富贵吉祥》，引出牡丹艺术，由此引入本阶段的活动中来	学生观看教师呈现的国画	由学生所熟知的事物做活动铺垫，激发学生们参与活动的热情
牡丹艺术作品设计 （20分钟）	①引导学生利用教师提供资源进行绘画、短剧等不同形式，进行创作。 ②教师为学生提供彩纸、剪刀、胶棒、牡丹头饰、画笔、垫板等用品	①认真倾听规则。 ②学生积分组设计作品	为学生提供艺术创作设计的机会
牡丹艺术作品展示 （8分钟）	组织各组学生的汇报设计成果	各组代表认真展出本组的设计成果	引导学生形成良好的审美情趣和艺术创意表现意识

4.4.2.5 第五阶段：评说花王之争（20分钟）

本阶段的活动仍在牡丹专类园附近的休闲区域进行，在学生心情极度放松的情况下一起讨论关于牡丹当选国花之争的事件（表5）。

表5 第五阶段开展牡丹文化的学习活动

活动环节	教 师	学 生	意 图
活动导入—— 问题的引出 （2分钟）	教师引入牡丹和梅花作为国花的争论问题	认真倾听	让学生了解与牡丹相关的社会问题
活动高潮—— 问题的讨论 （5分钟）	教师引导学生讨论如下问题：你是否同意牡丹当选为国花？请陈述你同意或者不同意牡丹作为国花的理由或者依据	①认真倾听讨论题目。 ②围绕问题展开讨论	①为学生创造表达自我观点的机会。 ②引导学生参与社会事务的分析与讨论
活动小结—— 理性参与社会事务的方法 （13分钟）	①组织各组代表分别汇报本组的讨论结果。 ②教师引导学生在日常生活中要养成理性分析问题的习惯，对于牡丹、梅花谁为国花，不盲从、不信权威，学会自己查资料、找依据，根据客观的资料去评定谁当选更合适	①各组代表介绍本队的观点。 ②各组同学认真倾听	引导学生认同植物文化，培养社会事务参与能力

5　可能出现的问题及解决预案

活动中可能出现的问题及解决预案见表6。

表6　活动中可能出现的问题及其解决预案

可能出现的问题	解决预案
在视频直播阶段学生手机无法上网	事先准备无线 Wi-Fi
在挑战牡丹文化阶段学生事先没有足够的牡丹文化知识储备	教师事先印制《溯源牡丹文化》小手册，给学生留出自学时间
牡丹文化知识竞赛后，可能会出现有些心理承受力小的同学出现不良情绪	教师为每位同学准备精美活动纪念品——牡丹书签
学生在观察牡丹和芍药区别时无从下手	事先以叶片为例介绍植物观察的技能
学生在设计牡丹花色之谜实验时无从下手	逐步引导，确定变量和因变量，以某个变量为主设计实验
学生在实验中出现操作不当	分步示范操作
学生在使用剪刀中出现意外问题	事先准备安全剪刀，降低安全隐患

6　预期效果与呈现方式

6.1　预期效果

本活动是学生自主学习、自主体验和探究，教师引导的探究活动，学生从活动中获得的知识、能力、感受、领悟、情感等，都是通过自主活动自觉产生。学生通过参加这种活动获得的预期效果如下：

（1）能够了解一些和牡丹相关的文化知识，如著作、诗歌等。

（2）学会通过手眼协调，运用科学绘画等技能科学记录植物的特征。

（3）学会用科学的手段分析和解决问题。

（4）形成良好的审美情趣和艺术创作力，用牡丹文化、艺术装点生活。

（5）自主探究能力、团队合作能力、创新能力能够得到提升。

（6）提高自身的责任担当，善于科学处理社会事务。

（7）理解植物文化与社会发展的关系，理解花青素与花色的关系。

6.2　呈现方式

学生的竞赛、任务单、实验记录表、学生交流分享中自我观点的陈述与表达、学生的手工作品等。

7　效果评价标准与方式

效果评价的依据是活动目标的达成情况，评价的主要目的是全面了解学生学习的过程和结果，激励学生学习和改进教师教学。通过评价所得到的信息，可以了解学生达到的水平和存在的问题，帮助教师进行总结与反思，调整和改善教学设计和教学过程。因此，要尽可能运用多元化的评估体系。本方案注重评价主体多元化、评价形式多元化，分别从对学生的评价与对教师的评价来进行评估，从活动组织实施的全过程给予评价。

7.1 对学生的评价

（1）观察法。在活动过程中观察学生的参与情况，同时利用照相机、摄像机来辅助观察。

（2）提问法。通过向参加活动的学生提出预设问题或随机问题，进行活动效果检测。

（3）实操法。学生动手实际操作的成效。

（4）学生自评法。对学生发放评价表（表7），进行自评。

表7 学生评价表

评价对象＿＿＿＿＿＿＿＿＿＿ 评价主体：学生（自评、他评）

序号	评价项目	优	良	中	差	选项
1	获取信息的能力	①快速、准确	②准确，但稍慢	③较为准确	④有待努力	
2	参与活动态度	①积极、热情、主动	②积极、热情但欠主动	③态度一般	④较差	
3	实验操作能力	①强	②较强	③一般	④差	
4	团队合作意识	①强	②较强	③一般	④差	
5	艺术表现能力	①强	②较强	③一般	④差	
6	社会事务参与能力	①强	②较强	③一般	④差	
	综合评价					

7.2 对教师的评价

对教师的评价采用访谈法。通过与学生、校内教师访谈及学生微信对教师在教学中的表现，教师实施活动的创新性、科学性及对学生产生的影响等方面进行评价。

8 对青少年益智、养德等方面的作用

本活动以牡丹为切入点，以自然观察、实验探究及艺术展示相结合的方式开展活动。注重学生与自然的接触，通过学生置身于情境中的亲身经历，在体验、探究中不断自我总结、反思、概括，自觉获取来源于实际生活的绿色科学知识及科学技能，如牡丹花色成因等。

本活动内容丰富、形式多样、实践性强，在探究活动中学生学会了科学探究的方法，培养了科学精神和科学态度，体验了科学的乐趣，克服了研究中的困难。同时，活动自始至终引导学生认识到植物与我们的生活密不可分，植物在人类社会与科技发展中的重要作

用，激发对人文历史、自然科学的探究兴趣及对社会问题的关注与思考，培养勇于创新的自主学习精神。另外，团队协作能力对人的生存和发展有着重要的意义，良好的团队协作能力是高素质人才所必备的。在本活动中，安排学生分组活动，小组成员之间配合完成任务，对学生的团队协作能力有一定的培养。

参考文献

林崇德. 发展心理学 ［M］. 北京：人民教育出版社，1995.

魏巍. 中国牡丹文化的综合研究 ［D］. 开封：河南大学，2009.

张红磊. 牡丹花期花色及花香的变异研究 ［D］. 泰安：山东农业大学，2011.

David R，Shaffe R，Katheerine Kipp. ［M］. 邹泓，等译. 北京：中国轻工业出版社，2013.

中国好植物——"识传统植物·习中华文化" 户外主题教育活动*

1 背景与目标

1.1 背景

1.1.1 社会背景分析

在我国上下 5000 年的璀璨文明史中，植物与中华传统文化的产生和发展密不可分，最古老的诗歌集《诗经》里就记载有 100 多种植物，本草学方面的书籍共录用草药近 1000 种，盛唐"牡丹风尚"、两宋"梅风尚"描画出了历朝历代的社会心理。植物文化在历代的政治、宗教和礼仪中都占有独特的地位，是国学经典的重要内容之一。而在今天，大家对西洋花束中的玫瑰和康乃馨抑或"植物大战僵尸"中的向日葵和豌豆的熟悉程度，远高于我国古代的四大仙草和五谷杂粮。中共十八大以来，人们对中华传统文化的认识被推向了一个新的历史阶段，2013 年中共十八届三中全会提出要完善中华优秀传统文化教育的精神。本方案以"识传统植物·习中华文化"为主题，旨在带领学生通过参与活动全面认识何首乌、牡丹和水稻等 10 多种原产我国的优良植物，学习和感受相关文化历史，增强对中华优秀传统的情感认同，为成长中的孩子播撒一粒积极传承中华文化的种子。

1.1.2 课程背景分析

有数据显示，目前各省（自治区、直辖市）中小学的语文课程中，古诗词和文言文的课文虽已占有一定比例，但还不如我国台湾地区课本中的比例高。2014 年春，教育部制定了《完善中华优秀传统文化教育指导纲要》（以下简称"《纲要》"），对加强青少年学生的中华优秀传统文化教育进行了整体规划，明确了系统推进中华优秀传统文化的要求和实施步骤。《纲要》指出要"坚持课堂教育与实践教育相结合""坚持针对性与系统性相结合"，本方案利用北京教学植物园这一校外教育基地开展活动，在园区 1800 种植物中有针对性地挑选出 10 多种"中国好植物"，创设学生在户外大自然中观察探究的学习情境，让他们从植物的形态特征、功能价值和人文知识三方面获得系统知识，从认识"中国好植物"出发，达到对中国优秀传统文化感受力的提高。

1.1.3 学生学情分析

本活动面向"00 后"的青少年学生，这代人生活在开放的文化环境和网络环境中，

---

*注：此项目获得第 36 届北京青少年科技创新大赛"科技辅导员创新成果竞赛科技教育方案类"二等奖。

来自全球各地的文化产品大量涌入，极大地改变着他们的知识构成、思维方式和行为模式。而在国内应试教育的压力之下，学生对课堂上如古诗文这类较为晦涩的知识难免会发生为应付考试而死记硬背的现象，并不能理解其中蕴含的丰富内涵，难以真正汲取人文正能量。本方案根据学生身心发展的特点，设计"自由探寻植物本尊""彩绘植物灯笼""投选好植物 No.1"等系列环节，引导学生开展自主认知、动手创作，尝试运用喜爱的艺术形式表达情感，以小见大，培养学习历史知识、珍视文化传承的理念。

1.1.4　场馆资源分析

户外教育是以室外环境作为课堂开展的一种旨在通过实践获取知识的教育。它通过受教育者对所处环境的感知理解，产生与环境相关联的情感反应，并由此生成丰富的联想和领悟，在心理上、情感上、思想上逐步形成认识从而达到教育目的的一种教育方式。北京教学植物园拥有丰富的植物资源与开展教学的辅助教具，是开展户外主题教育的理想场所，学生在这种环境中的亲身实践体验，有助于激发学习欲望，调动主动探索知识和发现问题的意愿，有利于深化了解植物与人类的关系。

1.2　目标

1.2.1　知识与技能目标

（1）列举 5 种以上原产中国的植物名称，识别其中至少 3 种植物的典型形态特征并能以绘画的形式表现出来。

（2）可以说出至少 4 种中国原产植物的食用、药用或经济用途。

（3）熟悉 3 首以上与植物相关的古诗词。

1.2.2　过程与方法目标

（1）学生通过教师引导、展板介绍及园区探寻，并辅助以网络查询，多途径获取信息进行整理和分析，整合和处理信息的能力得到提高。

（2）彩绘"好植物 No.1"的过程促使学生运用个体审美观来动手操作进行展现，有利于青少年的个性发展，增强对自然的鉴赏能力和艺术创造力。

1.2.3　情感态度与价值观目标

（1）认识"中国好植物"在传统文化和当今社会中的重要性，激发青少年进一步了解"中国好植物"的兴趣。

（2）全程活动的体验从点滴入手，潜移默化中提高青少年对中国传统文化的感受、对中华文明之美的理解，以及对祖国悠久历史和宝贵文化的热爱与自豪。

2　活动设计思路

活动设计思路见表 1。

表1　活动设计思路

活动流程	具体内容
活动准备阶段	①成立"好植物"项目组； ②制订活动方案，搜集资料，细化过程； ③设计制作海报、道具等； ④活动宣传，与学校沟通
活动实施过程	①活动第一季——餐桌上的好植物； ②活动第二季——花园中的好植物； ③活动第三季——药铺里的好植物
活动总结展示	①投选"中国好植物 No.1"； ②学生表演科普剧《李时珍来了》

3　方案涉及的对象和人数

本次活动的对象是参加 2014 年和 2015 年"绿色北京——青少年体验活动"的全市各小学中高年级的学生。

4　方案的主体部分

4.1　活动内容

本活动以"识传统植物·习中华文化"为主题，选取北京教学植物园中栽种的原产中国的 10 多种植物，按照功能、用途的不同将活动划分为三季，每一季独立分区、分时进行，三者间以"中国好植物"为轴线发展，活动最终以学生投选"中国好植物 No.1"和小科普剧表演的形式结束。

第一季——餐桌上的好植物：9 月、10 月正是丰收的季节，学生从在农作物区寻找米饭、豆浆的原材料植物开始，由教师引导逐步认识"五谷"植物，了解它们是否原产我国，有着怎样的进化历程，并从爱粮节粮的诗词中感受其为人类发展的贡献，用涂鸦画配诗的形式选出最爱的餐桌好植物。

第二季——花园中的好植物：4 月、5 月是草本园区最美的季节，教师首先带领学生赏园观花，进而在牡丹、芍药园和月季园重点讲解这 3 种原产我国的"花王""花相"和"花后"，通过教师引经据典、学生诵读古诗、一起欣赏国画，互相分享交流，达到学生认识这 3 种古典观赏植物的目的。

第三季——药铺里的好植物：中草药学源于我国，历史源远流长。教师将药铺里的 5 种常见中药材悬挂在相应的植物上，学生快速识别并寻找到药材植物，通过查看知识展板、网络查询的自主学习形式完成任务单，教师采取随机小测试的形式，帮助学生记忆和理解。

本活动最终以学生亲手彩绘"好植物"小灯笼，并作为投票投选给"中国好植物No.1"为结束环节，同时在主会场由参与过活动的学生上演《李时珍来了》的小科普剧，帮助孩子们将"中国好植物"记于心、感于怀。

4.2 重点、难点和创新点

4.2.1 重点

（1）记住活动中涉及的几种"中国好植物"的名字，能够识别其典型形态特征。

（2）了解"中国好植物"所具有的食用、药用或经济价值，提高对中华文明史和文化瑰宝的热爱与自豪感。

4.2.2 难点

（1）在小灯笼上进行"中国好植物"的彩绘。

（2）对咏颂的植物古诗词的理解。

4.2.3 创新点

（1）活动内容的创新：本活动分为"三季"来进行，共涉及植物识别与彩绘植物灯笼、语文古诗和中药疗效等方面的内容，将科学、文化与艺术相结合，打破学科界限，传递了与好植物相关的多个层面的知识，做到了"中国好植物"这一主题的立体化呈现，带领学生全方位、多角度地学习和理解，有利于活动目标的实现。

（2）活动形式的创新：传统的彩绘灯笼与现代的网络查询，主会场上的个人展示与园区中的团队协作，这些对比鲜明的活动形式贯穿在活动之中，既各自独立又相辅相成，有利于满足不同个性或年龄段参与者的需要，推进活动目标的实现。

4.3 利用的各类科技教育资源

（1）场所：北京教学植物园农作物区、百草园区和树木分类区。

（2）资料：网络、书籍、相关文献。

4.4 活动过程和步骤

4.4.1 活动准备

（1）成立活动项目小组，进行人员分工。

（2）咨询植物学专家，审核活动内容的科学性。

（3）勘察活动场地，制定详细的安全预案。

（4）确定活动整体方案，逐步细化各环节。

（5）发布活动通知，与学校和领导组沟通协调，取得各方支持。

（6）设计制作海报、展板和道具，准备活动教具。

（7）培训志愿者、布置场地等。

4.4.2 活动主体阶段

4.4.2.1 第一季——餐桌上的好植物

（1）活动地点：农作物区。

（2）活动时间：2014 年 9 月至 10 月。

（3）活动导入：营养午餐找找看（图1）。

农作物区栽种有 100 多种粮食和蔬菜作物，城市中的孩子来到这里不免兴奋难耐。因此，教师讲解重点知识之前，先给孩子们 15 分钟自由时间，让他们在农作物区中寻找"番茄炒蛋配米饭加一杯冰镇甜豆浆"这顿营养午餐中使用到的植物原材料。所有的蔬菜和粮食作物都有地插牌，学生在规定时间完成任务应该没有困难。番茄虽不是活动重点，但因蔬菜外形鲜艳引人，孩子更加熟悉，因而与另两种重点植物一同寻找，既满足了他们初到农作物区的好奇心，又能顺利从香喷喷的炒菜过渡到大米和黄豆等作物上来。

（4）活动开展：美味五谷好食物。

自由探寻之后，教师首先带领学生在蔬菜区简单讲解有关番茄的生长特性趣味知识，之后进入五谷园，从米饭、豆浆开始讲起，将中国自古流传下来的"五谷"对应园中栽种的实物进行讲解。"稻、麦、菽、黍、粟"化作"米饭、馒头、豆浆、黄米年糕与小米粥"，食物化后的"五谷"便能吸引住孩子们的注意力。教师从这些植物的外形到生长过程，从食物的口感到栽培历史，把它们是否原产中国、有着怎样的迁入过程、为何历代都会流传下咏颂粮食作物的古诗佳作等这些知识点结合园中布置的展板一一道来。

（5）活动结束："餐桌好植物"涂鸦配古诗（图2）。

如何加深学生对知识的记忆呢？活动最后采用涂鸦的形式，教师指导孩子们现场手绘餐桌上的好植物，要求所选植物做出来的食品是自己爱吃的，并且这种植物是通过活动了解认为能够代表"餐桌好植物"的一种。这一形式让学生在安静的绘画中可以重新回忆讲过的内容，而且有助于孩子们的思维发散和联想。比如，一个四年级的学生趴在地上画大豆，不一会儿开始背诵起三年级语文课文《植物妈妈有办法》。

4.4.2.2 第二季——花园中的好植物（图3）

（1）活动地点：草本园区。

（2）活动时间：2015 年 4 月中旬至 5 月初。

（3）活动导入：赏花识"花后"。

草本园区栽培有 300 余种观赏植物，每年 3 月初耐寒的番红花便开始绽放，之后洋水仙、郁金香、鸢尾、牡丹等次第盛开，4 月与 5 月交接时达到最佳观赏期。"芳菲四月"处处是美景，活动开始首先由教师带领学生按照最佳观赏路线讲解约 15 分钟，观赏被誉为国际时尚符号的郁金香、拥有彩虹盛名的鸢尾、香喷喷的香雪球等，满足孩子们初到这里的好奇心同时吸引他们的注意力。来到位于草本区中央的月季园，教师请一名学生诵读苏东坡古诗"花开花落无间断，春来春去不相关。牡丹最贵唯春晚，芍药虽繁只夏初。唯有此花开不厌，一年长占四时春"，与学生互动讨论指明诗中所指为我国古人评定出的花中"皇后"——月季。

（4）活动开展：花中皇族名有因。

学生认识了花中"皇后"，教师紧接着提问"百花之王又何在？"引发学生的猜测和

图1　寻找餐桌上的好植物

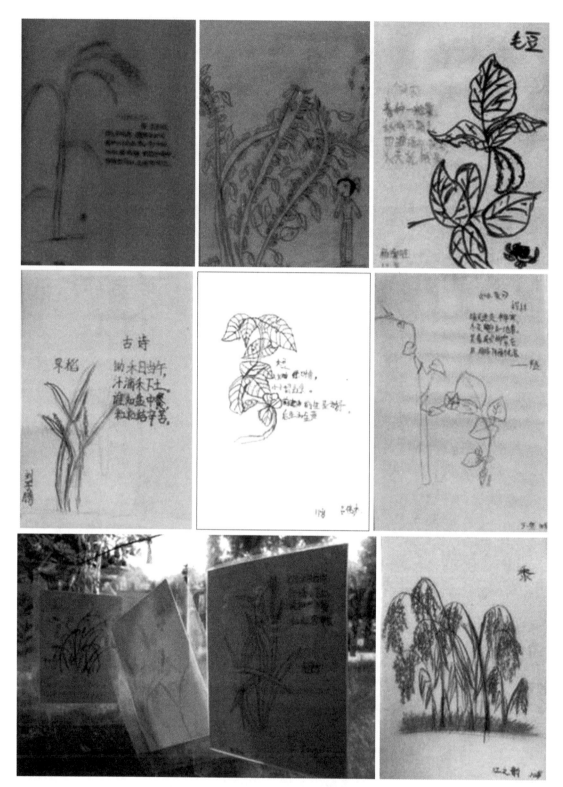

图 2 "餐桌好植物"涂鸦配古诗

图3　花园中的好植物

交流。草本园区的月季园和牡丹芍药园相邻，此时牡丹将谢，芍药含苞，教师正好依景来讲"牡丹称王，芍药为相"的典故，同时讲解这两种植物的茎、叶和株形的区别，进一步佐证牡丹列为百花之王是实至名归，更能帮助学生记住牡丹和芍药的区分之法。之后，学生每人填写一份活动单中的问题答案。

（5）活动结束：花园好植物的古与今。

大家一起诵读活动单上与 3 种花园好植物有关的古诗，教师带领大家体会各朝代诗人对植物的喜爱和借花表达出的情感；接着教师引导学生欣赏国画中的这 3 种花园好植物，带领大家通过观察画中植物的不同神韵，回忆和加深对这 3 种植物的认识。

4.4.2.3　第三季——药铺里的好植物（图4）

（1）活动地点：草本园区。

（2）活动时间：2015 年 5 月。

（3）活动导入：中草药材猜一猜。

我国的中草药研究源远流长，原产我国的药用植物也十分丰富，其中很多种是集观赏与药用价值于一身的，因此草本园中有 200 多种是具有明确药用价值的植物。活动开始，教师准备 5 种由我国原产植物制成的中药材（杜仲皮、白果、何首乌、丹皮、月季花），请参加活动的学生用 20 秒钟的时间快速记忆草药的样子，可以眼睛看也可以鼻子闻，猜想此药材是从何种植物而来。

（4）活动开展："药铺好植物"地里找一找。

学生经过快速记忆后，领取任务单，用 20 分钟的时间到园区寻找与药材相对应的植物，同时填写任务单中的问题答案。在前期的活动准备阶段，教师已在 5 种药材对应的植物（杜仲、银杏、何首乌、牡丹、月季）上悬挂了相应的药材包，并在植物前摆放了知识介绍展板，小学中高年级的学生以个人或小团队的形式，通过园区探寻、自主观察以及借助网络查询，能够完成任务单并按时返回活动大本营。一些低年级的学生在家长的带领下，也可以顺利理解活动要求和寻找到部分植物。这一过程有利于学生自主观察、自发探索和自我解决问题能力的培养。

（5）活动结束：好植物药效我知道。

回到活动大本营的学生，将任务单交还后，教师随机抽取草药包，要求学生回答其名称和简单说明药效，以小测试的形式作为学生对任务单内容记忆扎实程度的考察，同时教师会对部分药材的制取或药效进行讲解，帮助学生记忆理解。

4.5　活动总结与展示

成功参与了活动的学生，能够得到一盏抽拉式的纸质的小灯笼，并把他们通过参与活动认识的"中国好植物"选其中一种画在灯笼上。本活动的大本营中准备了中国传统植物的国画，还布置了绘有"中国好植物"图案的油纸伞和风筝，尽量营造出中国味达到启发孩子们的作用。教师为孩子们准备毛笔和水彩笔，可以满足不同年龄和绘画水平的孩子要求。园区中布置了画板，学生同样可以面对植物实物进行绘画。孩子们的彩绘灯笼，最终

图 4　药铺里的好植物

作为选票，投给他们自己认为称得上是"No.1"的中国好植物，悬挂在相应的植物名称挂牌下（图5）。这一环节既能达到学生对参与活动的主动总结和回味，也是进一步的自我情感升华，同时能够发挥孩子们的创造力。悬挂在大本营的串串彩绘灯笼，帮助孩子们将参与"中国好植物"的活动经历记于心、感于怀，代表着当代的青少年对古老的"中国好植物"的一份爱与尊敬。

图5 投选"中国好植物 No.1"

同时，在位于树木分类区的大草坪的开放活动主会场上，参与过"中国好植物"活动的延庆第四小学五年级的谷雨同学，与老师一起编演了小科普剧《李时珍来了》。谷雨同学作为穿越回现代的名医李时珍，手挎刚采完药的篮子，帮助求医心切的老师解了心病，还为现场的同学们推荐了具有不同功效的"中国好植物"（图6）。这一小小的舞台展示，不仅是对此项活动的总结，还向广大青少年展现中华文明瑰宝，以小见大，为让中华优秀传统文化在这代人手中薪火相传做出贡献！

5 可能出现的问题及解决预案

活动中可能出现的问题及解决预案见表2。

图6 科普表演《李时珍来了》

表2 活动中可能出现的问题及解决预案

可能出现的问题	解决预案
学生在自由探寻植物的过程中,可能会发生畏难情绪而无法耐心或被其他事物吸引而中途放弃活动	活动安排一名现场辅导教师,在园区协助和督促学生,并将相关植物在种植区进行标注,便于学生寻找,增强学生的成就感
学生在阅读知识展板时,可能出现不理解的内容或不认识的字,造成对知识点理解的困难而无法完成任务单的填写	展板设计尽量浅出,与任务单中的问题达到尽量明确的对应关系,现场辅导教师也可协助学生完成。展板文字中的生僻字标注拼音方便学生识读
学生在绘制植物形态图时可能发生无从下手的情况或出现科学性错误	绘画环节开始前教师首先现场示范绘制,向学生介绍绘制要领;或将绘画成品提前展示在相应植物展品前,简要写明绘画步骤;同时以实物绘图(悬挂大幅的植物国画,悬吊绘有植物图案的油伞、风筝)对学生进行引导
园区活动可能会引发安全问题	活动前详细考察,设置安全警戒线,制定全面合理的活动路线、安全预案;确定完善的现场工作人员分工;全区各处均由安全巡视员定点巡视

6 预期效果与呈现方式

6.1 预期效果

本活动是由教师引导、以学生自主学习为主的主题式户外教育活动项目，学生从活动中获得知识、能力、领悟和情感等，预期效果包括：

（1）学会观察植物，并用绘图的形式表现植物最典型的特征。

（2）能够主动快速地利用知识展板或网络资料等，通过自主分析提取正确信息。

（3）了解一些我国民族文化中有关"五谷"、中草药材和园林观赏花卉的知识和典故。

（4）领悟到植物在整个人类社会发展中不可或缺的作用，形成关爱植物、关注生态发展的环境友好意识。

（5）自主观察与探究能力、小组合作与分享能力、艺术性的表现科学能力等得到提升。

6.2 呈现方式

呈现方式为学生的"五谷"涂鸦配古诗、完成的任务单、彩绘的小灯笼、科普剧的表演、学生和家长留下的活动感言、网络发布的微博和微信等信息。

7 效果评价标准与方式

效果评价的依据是活动目标的达成情况，主要目的是全面了解学生学习的成果、活动过程是否有利于学生的能力培养，以及找出方案设计的优缺点，激励学生学习和改进教师教学。通过评价，可以了解学生达到的水平和存在的问题，帮助教师进行总结与反思，调整和改善教学设计和教学过程。所以应侧重活动的过程性和全面性，打破单一的量化评价形式，注重激励和发展，注重质性评价。因此，在本活动实施过程中，采取以下三方面评价相结合的方式。

7.1 对学生的评价

对学生评价的主体是教师、家长以及学生。教师对学生的评价主要采用行为表现评价法，对学生在活动中执行活动任务的独立性、探索的意愿、任务完成的情况以及交流分享的主动性等方面进行评价。通过对家长访谈的形式，了解家长对孩子的评价。学生通过自评及小组成员评价，对其在活动中获得的科学知识、方法以及由此产生的新的认识进行评价。

7.2 对教师的评价

对教师评价的主体是学生、家长、其他教师及教师本人。学生和家长的留言、访谈及微博、微信，是对教师在教学中的表现、教师实施活动的创新性和对学生产生的影响等方面最直观的评价。其他教师采取观摩的形式，对教学内容的科学性、教学形式的创新性、教学活动组织的有效性和教学目标的完成情况进行评价。教师分析学生任务单，总结学生活动中的参与情况，评价整个活动过程是否具有可操作性和服务性，活动是否实现了预期效果。

7.3 对活动过程的评价

对活动过程的评价包括活动过程是否具有科学性、创新性和可操作性，活动结果是否实现了预期培养目标等。为了使以评价促进活动更有效开展并更好地达到教学目标，在活动中的每个环节都应及时评价反馈（表3）。

表3 活动过程的评价标准及方式

活动过程	评价内容	评价标准	评价方式
活动筹备阶段	教学场地、科普展板、资料、器材等资源的准备情况	资源准备齐全到位	语言定性述评
活动过程实施阶段	活动方案与学生参与情况	①活动方案设计是否具有可操作性、科学性。②学生参与活动是否积极主动	教学性评价和形成性评价相结合，学生自评和教师评价相结合
活动总结阶段	总结材料的完成情况	总结材料是否完整详细	整体评价和个体评价相结合

8 对青少年益智、养德等方面的作用

此项主题式户外科技教育活动以"中国好植物"为主线，通过青少年对大自然中的"中国好植物"的亲近与了解，在体验和探究活动中不断自我总结反思，潜移默化中激发他们对自然科学的探究兴趣。同时，活动借助植物与我国人民5000多年密不可分的关系，传递出中华民族的历史传统——人与植物和谐共生的素养，关心劳动人民的品德，淡泊名利、忍辱不惊的气度。这些具有中华传统文化理念烙印的精神，借助好植物这一载体被播种到孩子们的心田，逐渐生根、发芽，将有助于他们成长为一个拥有中国心、敢于担当的堂堂正正的中国人。

活动环节设计紧扣青少年身心发展的特点，注重他们与自然接触的整个过程，因为对孩子而言，亲身感受、激发情感，远比让他们掌握研究技能更为重要。而正是在这种与大自然愉快轻松的接触中，学生更易于主动观察和发现植物的神奇之处，感受和欣赏到"中国好植物"的力量与美，培养和激发个性化创作和发散思维能力，培养勇于创新的自主学习精神，提高青少年的综合实践能力和科学素养。

参考文献

潘富俊. 草木缘情 [M]. 北京：商务印书馆，2015.

王仲杰，卢晓华. 浅论体验式教育的功能 [J]. 青岛大学师范学院学报，2002，19（4）：56-57.

百草园里的万花筒*

1 方案依据与目标

1.1 方案依据

（1）本活动依据非学科区分的主题式课程理念，以一个主题为发展核心，整合不同学科或领域间的学习。将校内课程《科学》第 3 册"各种各样的叶"、第 6 册"光的反射"以及《生物学》七年级上册"花的结构"三节内容相融合，以万花筒为主线，通过观察、探究和制作的体验式教学方法，引导孩子积极主动地理解及参与活动，感受身边的美好事物，获得新的经验和知识。

（2）本活动方案力求抓住青少年乐于近亲自然的内心特点，将活动场地设在户外环境中，在活动中运用自主学习的方式，学生首先感受到百草园中的美丽植物，同时观看教具万花筒中的多变图案，进而自行操作教学材料得到各种植物万花筒图形，完成自主设计和自主判断，通过引导学习叶片形态知识并填写活动单，进行自主认知和自主评价。

（3）《基础教育课程改革纲要（试行）》提出要"倡导学生主动参与、乐于探究、勤于动手"，本活动抓住中小学生以表象思维为主的身心发展特点，打破常规的接受式学习模式，借助他们丰富的发散思维，运用亲身观察和动手操作的方法，来实现知识和技能的传递。

（4）《小学科学新课标》的总目标要求"要保持和发展学生对周围世界的好奇心与求知欲"。本项活动力求带领参与者用奇妙的观察和体验激发兴趣，用科学的知识和方法认识植物，帮助他们培养多方位观察、多角度想象、多层次体味的认识事物能力，进而构建逻辑推理，逐渐构建善于发现自然之美、热爱自然之物的人格特点。

1.2 方案目标

1.2.1 知识目标

（1）通过观看和制作万花筒，了解镜面反射的原理知识。

（2）通过塑封标本及知识介绍，认识几种植物的名称，掌握植物叶和花的概念，知道植物叶片和花冠形状的多样性。

（3）通过观察和填写，能够记住几种常见的叶片和花冠形状的标准名称。

＊注：此项目获得第 34 届北京青少年科技创新大赛"科技辅导员创新成果竞赛科技教育方案类"二等奖。

（4）能够用植物学语言描述至少一种叶片或花冠的形态，并理解其主要功能。

1.2.2　能力目标

（1）活动中将中小学校内科学和生物学科的相关知识相融合，培养学生主动探究、迁移分析、综合学习并获取知识的能力。

（2）活动过程以自主学习为主，锻炼学生自主设计、自主判断、自主认知和自主评价一系列思想和行动的自主性能力。

（3）叶片万花筒制作过程促使学生运用个性审美观来动手操作进行表现，有利于孩子的个性发展和自信心建立，增强想象力和对自然物的鉴赏能力。

1.2.3　情感目标

（1）活动全程注重培养学生积极参与和勤于动手的精神，力求激发他们主动将好奇心生成为求知欲的行动力。

（2）美妙的植物万花筒图形与植物叶（或花）形态的介绍相融合，易于促进学生从喜爱植物到保护植物的情感升华。

（3）活动潜移默化中培养学生学会多角度分析和多层次体味身边事物，学会欣赏大自然，乐于发现生活中的美妙事物。

2　方案涉及的对象和人数

（1）对象：本次活动的对象是参加 2013 年"绿色北京——青少年体验活动"的全市各中小学的学生。

（2）人数：本项活动参与者累计已达 3000 人次。

3　方案的主体部分

3.1　活动内容

活动首先以学生自由观看万花筒中的图形作为导入，激发他们参与活动的兴趣，教师介绍镜面反射原理的知识，同时指导利用植物叶片及花朵标本和折镜自己动手形成植物多维图形。接着教师带领学生观察和描述各自创作的"植物万花筒"，进而引导到观察植物叶形态的活动主题上，讲述有关植物叶和花的组成及形态等知识点，指导学生完成活动单。最后，完成任务的参与者获得小卡片，填写学到的知识和活动感受，教师号召孩子们运用不同的方法多多观察身边的世界，发现和体会自然界的神奇与美丽，完成传递正能量的主题升华的目的。

3.2　重点、难点和创新点

3.2.1　重点

（1）学生能够记住几种植物的名称及其叶片或花冠的形状。

（2）学生可以理解由于光的折射形成的"万花筒"现象。

3.2.2 难点

将万花筒原理有效迁移到对折镜中的植物图形的理解。

3.2.3 创新点

（1）将中小学生能够理解接受的物理知识引入植物科普教学活动中，以"万花筒"为活动主线来带动学生对两方面知识的学习兴趣和理解，实现了整合不同学科知识的主题式课程模式的目标要求，填补了目前相关教育教学活动的不足。

（2）活动全程经历欣赏万花筒、制作简易的植物万花筒、观察万花筒中的植物形态三个步骤，按照看、体验、发现的顺序，经历了从"看见过的会想起"到"自己发现的能牢记"这一认知上的飞跃，确保了活动不仅仅停留在兴趣的层次，而是实现对知识的理解掌握。

3.3 利用的各类科技教育资源

（1）场所：北京教学植物园草本植物区。

（2）资料：网络和书籍中有关文献参考。

（3）器材和用具：各式万花筒、可折叠双面镜、植物叶和花的塑封标本、知识介绍展板、活动单、折叠小卡。

3.4 活动过程和步骤

3.4.1 第一阶段：活动准备和启动阶段

（1）确定活动主题，搜集资料，撰写活动方案。

（2）落实安全管理工作，设计制作展板和任务单，购买活动材料和道具。

3.4.2 第二阶段：活动主体阶段

（1）奇妙万花筒做导入（10分钟）。使各种万花筒从活动地点——小木亭的梁架上高低错落地下垂，使不同年龄的参与者都能有合适高度的观察位置。活动开始，参与者被这些悬挂在半空的万花筒吸引，迫不及待地通过万花筒的镜孔欣赏里面千变万化的美妙图形，参加活动的兴趣油然而生（图1）。孩子们观察片刻之后，教师简单说明万花筒成像的原理知识，并以"大家信不信我们每个人都是可以用不到一分钟的时间组装出一个万花筒的"这一肯定式提问，引发孩子们思索，进入活动下一环节。

（2）动手操作重体验（15分钟）。参与者此时充满着动手操作的兴奋。教师以启发教学的形式辅助参与者操作塑封植物标本和折镜，形成万花筒式的多维叶片（或花）图案。每个参与者使用的标本不同，镜片角度不同，就会得到各不相同的图形。参与者进行互相观摩，由几位参与者将自己最满意的作品向其他参与者进行解释和描述，大家共同分享体会用植物叶片或花朵创造出的"万花筒"（图2、图3）。

图 1　欣赏万花筒中的美妙图形

图 2　认真组装"植物万花筒"

图 3　"植物万花筒"中的图形

（3）引导观察学知识（15分钟）。教师伺机抛出新问题："大家的作品都是各不相同的，是因为镜子不同，还是标本不同？"启发学生探究两镜面夹角角度不同形成不同图案，回忆镜面反射知识，同时提出"标本形状不同"的观点。教师继续发问："植物的叶子或花为什么会形状各异？你的万花筒中的叶子（或花）是什么形状的？它们又是来自哪种植物呢？"引导参与者仔细观察植物标本，通过标本自带介绍文字了解这种植物，通过叶片（或花冠）名称图对照标本实物辨识形状名称，最终完成活动单中3道开放性的问题，教师进行辅助讲解（图4、图5）。

图 4　教师引导学生填写活动单

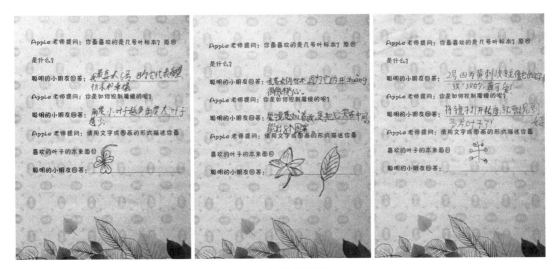

图5 活动单样例

（4）填写感言来升华（10分钟）。教师鼓励参与者将刚学到的知识或参加活动的感受写成文字卡片，系在活动地点预备的彩带上（图6），"让更多的小朋友能够学到新知识、

图6 填写、悬挂活动留言卡

体会到活动的乐趣"。结束时，教师号召大家在生活中多观察、多发现，尝试着转换角度和方法观察周围的事物，发现生活中更多美好奇妙的"万花筒"。

4 可能出现的问题及解决预案

活动中可能出现的问题及解决预案见表1。

表 1　活动中可能出现的问题及解决预案

可能出现的问题	解决预案
参加学生年龄跨度大	知识讲授部分按照年龄进行分组讲解；根据学生知识水平设计了不同强度的活动内容和活动任务单
低龄参与者及个别家长对活动意图不够理解	及时与家长沟通，带领家长看展板介绍和已完成的任务样单，保证活动的开展和高质量地完成，最大限度地传递给家长环境教育的理念，丰富家庭教育能力
孩子在户外环境容易被其他事物吸引而放弃完成任务单	活动安排一名现场辅导的志愿者，在园区协助孩子完成任务，用语言鼓励、引导操作等方法对参与的孩子提出督促
园区活动可能会引发安全问题	活动前详细考察，设置安全警戒线，制定全面合理的活动路线、安全预案；确定了完善的现场工作人员分工；全区各处均由安全巡视员定点巡视

5 预期效果与呈现方式

本活动项目是对"主题式"户外科技教育活动模式的探索。"在户外环境中的教育"绝不是随意的课外或户外活动，而应该形成有组织、有计划的教学活动。因此，活动的预期效果和呈现方式应体现出户外环境作为教学目标、教学内容和教学方法的三重效果。

5.1 预期效果

（1）辅助学生理解《科学》和《生物》课程中有关光的反射和植物叶片及花朵形状的知识。

（2）以"万花筒"为切入点，引导学生主动学习接受新知识，并最终体会到多角度观察就能够发现生活中奇妙美好的"万花筒"。

（3）在整个活动中，教师通过提问引导的方式与学生互动，让学生真正感受到"玩中学"的乐趣，始终保持良好的情感体验。通过活动感受和欣赏到自然和生活中蕴藏的美妙与神奇。

5.2 呈现方式

本项活动主张参与者以自己的审美特质完成活动任务单，这为活动带来了开放性和宽容性。此项活动最重要的效果呈现方式就是参与学生完成的活动任务单和留言卡。整个活动中共收回近3000张任务单，近1000张留言卡。

6 效果评价标准与方式

效果评价的依据是活动目标的达成情况，目的是找出方案中的优缺点，以及实施过程中是否有利于提高学生能力和创新精神的培养，所以应侧重活动的过程性和全面性，打破单一的量化评价形式，注重激励和发展，注重质性评价。

（1）对学生的评价。对学生在活动中的表现进行评价，包括参与态度、活动过程中的自主性、主动性和独立性等方面；培养目标达标评价，如是否了解了白晶菊花冠的构成形式等具体教学目标。

（2）对活动过程的评价。整个活动过程是否具有科学性、创新性和可操作性；活动是否体现出了学生为主体的教学理念；活动是否实现了预期效果；活动是否达到了培养目标。

（3）学生自评和互评相结合。通过学生自评，了解学生对整个活动的认识和收获，获取活动的被认可度，发现活动闪光点，改进活动不足。

7 对青少年益智、养德等方面的作用

此项"主题式"户外科技教育活动主张发挥青少年的个性和潜能，旨在让孩子更大胆地去想象和感知，使他们体验到了学习知识的神奇与乐趣。学生通过动手操作，得到独一无二的"万花筒"，再由填写开放式的活动单，记录观察结果和操作过程，掌握知识点。活动紧扣青少年身心发展的特点，力求培养学生独立获取信息、分析和处理信息的能力以及实事求是的态度，旨在提高学生的综合实践能力和科学素养。

本活动体现了非学科区分的主题式科普教育前沿理念，注重参与者体会感受自然之神奇，主动探究接受自然知识。对孩子而言，比起让他们在各种书本中学习独立学科的知识，这种活动获得的知识更加丰富有趣而且易于记忆。因此可以说，本项活动是一种对青少年科技科普教育课程形式的探索。

参考文献

苏效民. 科学（第 3 册）[M]. 北京：首都师范大学出版社，2010.

苏效民. 科学（第 6 册）[M]. 北京：首都师范大学出版社，2010.

朱正威，赵占良. 生物学（七年级上册）[M]. 北京：人民教育出版社，2012.

我的百草园"吉尼斯"——主题式户外科技教育活动方案*

1 方案主题与依据

1.1 方案主题

探究植物之最，感受自然之美，体味环境友好。

1.2 方案依据

（1）本活动依据非学科区分的主题式课程方式和有效的探究式科学学习方法，借助教学植物园百草园的丰富植物资源，以任务单中的开放性问题为导向，指引学生首先凭借已有的知识，发挥个性潜能，通过主动的探究和观察过程，感受身边的植物和环境，获得新的经验和知识，促进学生把科学看作是对世界理解的创新，更能吸引和激励学习者，为成长中的孩子洒播多一缕阳光。

（2）本活动运用生成教学和探究式学习的理念，教师在活动中用一种开放的态度对待学生，学生在活动中根据个性发展自己的发散思维，师生在互动的过程中建构教学过程，让学生学得更生动、更有效。教师通过游览式的现场教学过程，传递知识和技能、激发兴趣和情感，学生在这种与大自然愉快轻松的接触中，更易于激发对科学研究的兴趣，培养勇于创新的自主学习精神。

（3）本活动参与学生来自于全市各小学校，在孩子知识信息迅速膨胀与自然缺失日益严重的学情之下，在今天提倡培养学生综合科学素养的社会大背景中，该活动针对参与者群体特点，旨在带领参与者"用简单的方式了解植物，用科学的知识认识自然"，满足学生全面发展的需要。

2 方案目标

2.1 知识与能力目标

（1）通过参与活动，学生能够列举几种常见植物的名称，记忆这几种植物的典型结构特征或生理特点。

（2）通过自由探寻开放性问题答案，提高学生主动运用已有的各学科知识进行联系与整合的水平，锻炼自发探究和发散性思维能力。

---

*注：此项目获得第28届全国青少年科技创新大赛"科技辅导员创新成果竞赛科技教育方案类"二等奖。

（3）通过教师讲授，使学生了解简单的生物学和植物人文知识。

2.2　过程与方法目标

（1）活动前半程以学生自发探究为主，培养学生以观察为基础进行科学性思维的自主学习方式。

（2）活动后半程由教师引导教学，锻炼小学生克服外界干扰、积极思考记录的学习能力。

2.3　情感态度与价值观目标

（1）能够积极地探究植物奥秘并大胆地将自己的想法进行表述，激发主动，将好奇心生成为求知欲的行动力。

（2）培养同理心和尊重植物生命的环境友好态度，提升热爱和保护自然世界的美好心愿。

3　方案涉及的对象和人数

（1）对象：活动参与者均为参加 2012 年教学植物园"绿色北京——青少年体验活动"的全市各小学校学生。

（2）人数：本项活动参与者累计已达 4000 人次。

4　方案的主体部分

4.1　活动内容

首先通过教师的引导，激发学生参与活动、主动探寻百草园中的植物"吉尼斯"的兴趣；以"含羞草张合一次叶片的时间"作为学生自由探寻的活动时间，增加趣味性的同时极大提高了学生坚持和守时完成活动的意识。自由探寻结束后，学生回到大本营集合，在教师带领下，以任务单的 10 道问题为主线，在百草园进行一场"植物之旅"，将知识点通过现场教学的形式传授给学生。最终胜利返航并认真填写完成任务单的学生，获得卡通折叠卡，将活动中新认识的植物、印象最深的植物或是参与活动的感受和想法画出来或写出来，悬挂在雪松枝条的彩带上，结束活动。

4.2　重点、难点和创新点

4.2.1　重点

（1）让孩子正确地运用已有知识和经验方法辨认未知植物，并发挥个性化的想象，再使用外化的语言或画图的形式来表述植物；

（2）带领孩子认识几种植物，能够说出植物的典型生长特征。

4.2.2　难点

学生发散性思维与植物知识的有效衔接。

4.2.3 创新点

（1）活动内容新颖，细节设计巧妙。本活动在策划之初即从孩子的个性特点角度考虑，抓住孩子们向往"第一名"的心理，设计了"百草园吉尼斯"的活动题目，响亮的活动名称能够吸引孩子们的注意，引起参加的欲望。任务单中 10 道问题的答案不唯一，只要是参与者经过观察比较得出，并能够说出支持自己答案的理由，就能够获得鼓励，教师讲解中传播的知识点仅作为众多答案"之一"，更有利于参与者主动地比较和识记知识点，达到活动目的。

对活动过程的各个环节，从细节方面用心设计，取得了很好的效果。例如，学生自由探寻环节采用"含羞草张合一次叶片的时间"作为时间要求，在这种户外无固定组织形式的教学环境下，一株小小的含羞草起到了有效地帮助参与者控制时间、辅助教师按计划开展教学的大作用。再如，活动设计制作了一块名为"apple 老师眼中的百草园吉尼斯"的活动展板，并摆放在活动结束点，用文字的形式将活动要传递的几个最重要的知识点表现出来，帮助没有听清楚或是没有听到讲解的参与者，能够很方便地了解和详细记录知识，一定程度上也减轻了教师的工作量，更有利于活动知识的传授。

（2）场地兼具知识启发力和情感渲染力。活动场地是指活动大本营所在的雪松，十几米高的雪松装饰着层层彩带，成为名副其实的"吉尼斯圣诞树"，能够扩展学生在活动自由探寻阶段的思路，帮助他们身临其境，以景带情，能够尽情发挥想象寻找答案。近 20 平方米的树冠仿佛童话中"树精灵的家"，这一装饰虽然前期准备很不轻松，但效果不同凡响，对各年龄段的孩子们甚至是成人游客的吸引力极强，增加了孩子对本项活动的认同感，从开始被雪松吸引到"雪松枝头炫感言"结束，短短几十分钟时间里，孩子们学到了新知识，获得了不一样的感受，对这棵树、对百草园里植物的认识已经发生了变化，潜移默化中实现了活动的最终目的。

活动的大环境处于教学植物园百草园区域内。百草园占地 9000 平方米的范围内种植有一二年生草本花卉、多年生宿根花卉和木本藤本植物 200 余种，生物种类繁多，有利于学生置身于此，将所见、所听、所学记于心，感于怀，丰富教学内容和促进教学效果。

4.3 利用的各类科技教育资源

（1）场所：北京教学植物百草园。

（2）资料：网络和书籍中有关文献参考。

（3）器材和用具：活动说明及知识展板、任务单、卡通图案折叠卡、盆栽含羞草、盆栽白晶菊、装饰彩带。

4.4 活动过程和步骤

4.4.1 第一阶段：活动前期准备

（1）确定活动主题，搜集资料，撰写活动方案。

（2）落实安全管理工作，设计制作展板和任务单，购买活动材料和道具。

4.4.2 第二阶段：活动实施步骤

（1）"吉尼斯"提问导入（5分钟）。活动首先选取百草园中最高达粗壮的一株雪松（图1），将10米高的雪松各枝层缠绕彩带布置成为圣诞树造型，设计为本活动的大本营。教师从提问"吉尼斯"的由来入手，与学生进行互动交流，激发活动参与积极性。导入到活动说明和规则解释，进行安全教育，分发活动任务单。

图1 活动大本营——百草园最高大的雪松

（2）园中探秘"植物吉尼斯"（15分钟）。以教师碰触含羞草叶片闭合到重新张开的过程作为时间限制，让学生自由地到园区进行探秘，寻找各自的答案。采用"含羞草张合一次叶片的时间"作为学生自由探寻的时间要求，在户外无固定组织形式的教学环境下，能够有效地控制时间、按计划组织教学，同时锻炼了学生的自制力，培养了学生坚持完成任务的责任感。学生在自由探寻的过程中（图2），要充分运用已有的各种知识储备，并将其融合利用，再利用眼看、手摸和鼻闻等观察形式，同时要借助发散性思维和想象力，

图2 参与者园区探寻

才有可能完成任务单中诸如"色彩最丰富的植物""花朵最多的植物"和"小蚂蚁最喜欢的植物"等共10道问题（图3）。

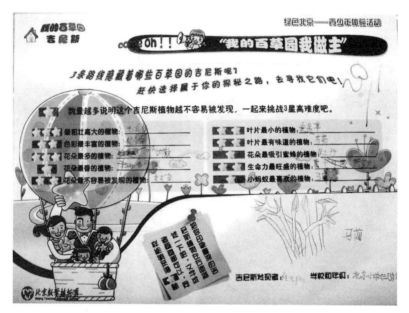

图3　学生填写活动单实例

　　（3）畅游百草园，揭秘老师"答卷"（20分钟）。自由探寻后集结在大本营的学生，必定十分关注自己得到的结果是否是"正确答案"，此时，以"揭秘 apple 老师的答卷"来吸引学生跟随教师重返百草园，以实物讲解的形式，将任务单中涉及的知识点进行讲授，此时的学生带着问题甚是期待，无论从知识接受还是互动效果都能够达到预期，有些孩子因为一个正确答案而欢呼雀跃，有些孩子能够与教师碰撞出小火花，整个教学过程轻松愉快，亮点不断（图4）。

图4　教师现场讲解

（4）雪松枝头炫感言（10分钟）。在老师的带领下，百草园之旅结束在大本营处。经历了"自主探寻找答案"和"教师揭秘讲知识"两个环节，达到了将学生的所见、所听、所学进行梳理和提炼升华的阶段。此时，奖励给学生每人一个卡通小卡片，让孩子们将新认识的植物或印象最深的植物，或是参与活动的感受和想法写出来或画出来，然后悬挂在雪松的彩带上，帮助他们将今天的经历记于心，感于怀。并且，这些载满孩子们心声的小卡片，悬挂在雪松彩带上，增添了一道亮丽的风景线，吸引更多的学生驻足并参与（图5）。

图5 悬挂小卡片

5 可能出现的问题及解决预案

活动中可能出现的问题及解决预案见表1。

表1 活动中可能出现的问题及解决预案

可能出现的问题	解决预案
参加学生年龄跨度大	知识讲授部分按照年龄进行分组讲解；根据学生知识水平划定完成任务单中问题的不同数量
低龄参与者及个别家长对活动意图不够理解	及时与家长沟通，引导家长阅读展板介绍和已完成的任务样单，保证活动的开展和高质量完成，最大限度地传递给家长环境教育的理念，丰富家庭教育能力
孩子在户外环境容易被其他事物吸引而放弃完成任务单	活动安排一名现场辅导教师，在园区协助孩子完成任务，用语言鼓励、带领寻找等方法对参与孩子提出督促
园区活动可能会引发的安全危险	活动前详细考察，设置安全警戒线，制订全面合理的活动路线、安全预案；确定完善的现场工作人员分工；全区各处均由安全巡视员定点巡视

6 预期效果与呈现方式

本活动项目是对"主题式"户外科技教育活动模式的探索。因为"在户外环境中的教育"绝不是随意的课外或户外活动，而应该形成有组织有计划的教学活动。因此活动的效果应从参与者和旁观者这两个直接与间接的方面进行呈现。

（1）学生作为参与者的活动效果呈现。包括学生现场表现和活动单及卡片填写情况两方面。学生在活动中的表现，包括参与态度、活动过程中的自主性、主动性和独立性等方面，可以进行能力目标及过程与方法的活动目标达标评价，如是否能够正确的观察植物形态，是否能克服外界干扰、坚持完成任务的学习能力。学生填写的活动单和小卡片，例如"我从来没有见过这么大的车前草""希望小朋友们多观察外面的世界，发现一些奇特的植物""我希望大家都懂得保护植物，让更多的同学欣赏更多的植物"。参与的孩子们将活动带给他们的惊喜和感触，通过这些稚嫩的语言表达出来，活动效果显而易见。

（2）学生家长作为旁观者的效果。呈现此项群众活动的一大特点是学生基本都有家长带领，因此在活动过程中，家长作为最直接的"旁观者"，应该说对活动的直接效果最有发言权。家长与孩子共同完成活动的场面和家长在现场与教师的交流反馈，以及"活动留言本"中话语，如"感谢活动能让孩子如此的亲近和观察自然植物，这对他们的成长非常重要""老师的教学方式方法很好，是我们家长做不到的""活动很有趣，我和孩子都很喜欢，感谢老师"。这一段段真挚的语言都是检验活动效果最直接而有效的方法。

7 效果评价标准与方式

效果评价的依据是活动目标的达成情况，目的是找出方案设计中的优缺点，以及实施过程是否有利于提高学生能力和创新精神的培养，所以应侧重活动的过程性和全面性，打破单一的量化评价形式，注重激励和发展，注重质性评价。因此，在本活动课程实施过程中，采取以下 3 个方面评价相结合的方式。

（1）对学生的评价。对学生在活动中的表现进行评价，包括参与态度，活动过程中的自主性、主动性和独立性等方面；培养目标达标评价，如是否理解了白晶菊花冠的构成形式等具体教学目标。

（2）对活动过程的评价。整个活动过程是否具有科学性、创新性和可操作性，活动是否体现出了学生为主体的教学理念，活动是否实现了预期效果，活动是否达到了培养目标。

（3）学生自评和互评相结合。通过学生自评了解学生对整个活动的认识和收获，获取活动的被认可度，发现活动闪光点，改进活动不足。

8 对青少年益智、养德等方面的作用

此项"主题式"户外科技教育活动，主张发挥青少年的个性和潜能，旨在让孩子更大胆地去想象和感知，使他们体验到学习知识的神奇与乐趣。学生运用已有的知识和各自的想象力填写任务单，得到独创的答案，后期再以揭秘老师答卷的形式，将知识点进行传授。活动紧扣青少年身心发展的特点，培养了学生独立获取信息、分析和处理信息的能力，以及实事求是的态度，提高了综合实践能力和科学素养。本活动体现了自然体验式的环境教育前沿理念，注重孩子与自然接触的整个过程，因为对孩子而言，让他们亲身感受环境、激发关爱环境的情感，远比让他们掌握环境研究技能更为重要。而正是在这种与大自然愉快轻松的接触中，学生更易于激发出对科学研究的兴趣，更有利培养勇于创新的自主学习精神。因此，活动也符合了现阶段我国倡导的"研究性学习"创新型人才培养教育模式。可以说，此项活动方案是一种对青少年科技教育课程形式的有益探索。

9 方案自评

纵观此次活动，从设计者的角度来看，我认为此项户外科技教育活动具有一定的创新性，大到活动场地的布置，小到活动卡片的设计使用，都力求做到新颖别致。但也正是因为这些都倾注了设计者的感情，凝结着设计者的汗水，所以感性和个性化的成分会比较多，是否符合众多参与者的"口味"，还需要我更多地客观考虑和总结改进。从实施者的角度进行反思，我作为一名年轻的校外科技教师，通过实施此次活动，深刻认识到了自己在教学中的不足，经过反思总结归纳了 3 个主要方面：活动现场的掌控能力、知识讲解过程中的语言组织能力和临场应变能力。以下仅就现场掌控和临场应变能力表现出的不足进行分析。

在活动中，我与参与学生之间是在几十分钟的活动过程中逐渐熟悉起来的，开始时对个别孩子十分活跃的情况，没能做出及时有效的反应，采取了"冷处理"的方法。当时认为过分回应个别学生会影响到其他参与者，担心处理不好反倒弄巧成拙。现在认识到那些"活跃"的孩子多是参与性高和表现欲较强，他们在团队中有很重要作用。作为教师的我，当时应该使用适当方式控制并保持他们的"热情"，让他们能够带动这个临时团队中的其他孩子，达到热烈而和谐的团队整体氛围。

本项活动在设计阶段尽量全面地考虑参与者的年龄、性格等差异，从活动单的设计和知识讲解词的制定等方面做了调整，但在两次为期近半个月、上万人流量的活动实施期间，还是有很多现场情况是无法完全预料的。由此暴露出了个人在教学中的不足，这些都是我在今后工作中需要重点锻炼和努力提高的。同时，也正是因为这些众多的可爱青少年参与者，让我有机会了解和体会到孩子们内心的想法，这更是我完全没有预料到的。活动最后的"雪松枝头炫感言"环节，是要奖励成功完成任务的孩子每人一个卡通小卡片，让他们将参与活动新认识的植物或者此时的感受和想法写或画出来。情感领域的态度会促进认知的发展，在几千个承载着学生情感的雪松枝头小卡片里，除上文"效果呈现方式"中列举的学生填写内容外，我将一部分超出个人预料的卡片内容进行了分类。第一种我称之为俏皮的小白日梦："我希望没作业，每天玩电脑""妈妈我爱你，希望你能每天带我来玩"；第二种归纳为对家长的纯真期望："希望妈妈不要暴躁""爸爸，以后有话好好说""爸爸、妈妈以后不要吵架"；第三种是美好的理想："希望考上传媒大学，成为一名主持人""希望将来家里有好多花不完的钱"。这些或是天真的，或是可笑的，抑或是沉重的话语，出自于参加活动的孩子之手，可能是这棵被装饰成圣诞树的大雪松太过梦幻，也可能是我在讲解中过多的渲染了"树精灵的家"，看似与活动本身并无干系，但却是孩子们的心声，是真实的社会现象的映射，更是我意料之外的收获。作为一名教师，我感到更加了解学生。作为科技活动的策划者，我拓宽了活动创意的思路，帮助我更大胆的想象我们的科普资源和科技活动给公众带去了什么，以及还能够带去什么，指导着我的工作继续前进。

参考文献

美国《国家科学教育标准》科学探究附属读物编委会. 科学探究与国家科学教育标准——学与教的指南 [M]. 北京：科学普及出版社，2013.

米歇尔·本特利，克里斯汀·艾伯特，爱德华·艾伯特. 科学的探索者——小学与中学科学教育新取向 [M]. 北京：北京师范大学出版社，2008.

任长松. 探究式学习——学生知识的自主建构 [M]. 北京：教育科学出版社，2005.

温哈伦，韦钰. 科学教育的原则和大概念 [M]. 北京：科学普及出版社，2011.

郑金洲，蔡楠荣. 生成教学 [M]. 福州：福建教育出版社，2008.

寻、观、读、思、做——绿色达人养成体验活动*

1 背景与目标

1.1 背景

1.1.1 社会背景分析

党的十八大报告提出，要扎实推进社会主义文化强国建设，建设优秀传统文化传承体系，弘扬中华优秀传统文化。同时，提出了树立尊重自然、顺应自然、保护自然的生态文明建设理念。绿色植物作为生物圈中初级生产者，作为人类生存的基础，在人类文明发展史中与人类的生产生活息息相关，继而衍生出了与植物相关的文化，使得植物在物质层面与精神层面所展现出的作用与独特魅力也日益宽泛。植物文化在传承中华民族传统文化、融合现代生态文明理念、促进人与自然和谐共存方面体现着越来越高的价值。植物、文化、生态、环境相融合的绿色教育，对于进一步弘扬生态文化，促进绿色发展，建设美丽中国，走向生态文明新时代具有重要意义。

1.1.2 校内课程背景分析

《小学科学课程标准》生命世界部分指出"要让学生接触生动活泼的生命世界……要让学生了解当地的植物资源，能意识到植物与人类生活的密切关系"。在地球与宇宙部分写道"要了解地图的主要标识和功用"。人教版小学六年级下册第三单元主题为"资源保护与环境危机"，涉及空气污染及其防治的知识点。《小学语文课程标准》中指出"认识中华文化的丰厚博大，吸收民族文化智慧。关心当代文化生活，尊重多样文化，吸取人类优秀文化的营养，提高文化品位"。本活动打破"学科本位""知识中心"的教育观念，将自然科学与人文科学相结合，运用非学科区分的方式，采用自然体验式教学活动的形式，创设有助于学生自主学习、主动探究的学习情境，使学生通过亲身体验的过程，感受植物之美、了解植物文化，感知自然与人文的协调统一，构建人与自然和谐统一的环境友好型人格，是校内课程的有效延伸。

1.1.3 学生学情分析

小学高年级的儿童进入具体运算思维阶段，逻辑思维能力有所提高，具有去自我中心化的特征，有了解现实世界、用科学解决实际问题的欲望，具备一定的科学探究能力。

＊注：此项目获得第34届北京青少年科技创新大赛"科技辅导员创新成果竞赛科技教育方案类"二等奖。

本活动以学生熟知的事物作为切入点，引导学生进行体验和探究，有利于激发其学习兴趣，主动建构新知识。10~11 岁是人成长的"关键年龄"，学生在这一关键阶段所播种的梦想，掌握的绿色生态科学知识与方法，形成的环境意识，将会影响成人后的生活和行为，乃至人生梦想的规划与实施。

1.1.4 场馆资源分析

体验式教育是一种特定环境下的实践教育。它是通过受教育者对所处环境的感知理解，产生与环境相关联的情感反应，并由此生成丰富的联想和领悟，在心理上、情感上、思想上逐步形成认识从而达到教育目的的一种教育方式。本活动的实施场所——北京教学植物园拥有丰富的植物资源、多种生态景观，学生在这种环境中的亲身实践体验有助于激发学习欲望，调动主动探索知识和发现问题的意愿，有利于深化认识植物，培养环境意识，建构环境理念，并积极主动地参与解决环境问题的行动。

1.2 目标

1.2.1 知识与技能

能够准确识别 15 种以上植物，学会科学观察植物的特征；了解颗粒物的含义及其危害，理解植物滞尘的基本原理。能通过阅读植物标牌、科普展板获取相关知识；学会利用儿童数码显微镜观察植物的叶表皮毛。

1.2.2 过程与方法

通过自主观察、填写活动任务单的过程，提高自主学习、主动探究的能力；通过自主阅读展板及标牌的过程，获取、处理信息的能力得到提高；通过小组合作进行创作的过程，科学思维、科学探究的能力得到培养，团队合作能力、创新能力能够得到提升；通过与师生集体交流分享的过程，提升语言表达能力。

1.2.3 情感态度与价值观

认识到植物是城市文化与城市生态的重要载体，保护植物是改善城市生态环境的有效途径，能够自觉建构保护生态环境的理念。

2 方案涉及的对象和人数

（1）对象：本活动的对象为绿色科技俱乐部成员及开放日活动参与者，来自史家小学、北京小学、光明小学、育才学校等校五至六年级学生。

（2）人数：本项活动参与者累计达 1000 人次。

3 方案的主体部分

3.1 活动内容

本活动选在北京教学植物园的展览温室和树木分类区中实施，在 4 月世界地球日前后实施活动第一季"快乐绿色行"，北京市花月季盛开的 5 月实施第二季"市花大搜寻"，

6月世界环境日之际实施第三季"植物吸尘器"。本活动是以绿色植物为载体，向学生传达绿色科学知识、生态文化理念，培养科学思维、科学探究精神的一项体验活动。

第一季"快乐绿色行"活动由破冰游戏"蔬菜蹲""我的自然日记"两部分组成。学生需要从形态、价值等方面对展览温室的植物进行观察，找寻温室之最，并以日记方式进行记录，然后再一起分享交流。重在对学生自然观察能力的培养及发现自然之美情趣的陶冶，为后续活动做好铺垫。

第二季"市花大搜寻"活动将展览温室选做活动地点，选取杜鹃、桂花、山茶花、叶子花、栀子花、鸡蛋花、君子兰、刺桐、扶桑9种市花作为本活动的素材，组织学生进行体验活动。教师由事先准备好的北京市花月季引出主题，引导学生参与活动。学生在自主学习阶段，需要根据活动单、特殊植物标牌的提示执行活动任务，要学会从标牌上筛选相关植物文化信息，学会使用地图。最后，教师指导学生交流、设计为校园选校花的方案。活动在一种轻松愉悦、主动探究的过程中进行，学生潜移默化中学到了知识，并内化了对自然、文化的认识。

第三季"植物吸尘器"由"阅读绿色知识""'植物大战 PM'是真的么？""植物滞尘结构大揭秘""方案大 PK""我思考我能做"五个环节组成，涉及展板阅读、热点话题探讨、植物微观形态观察、实验方案设计及绘画创作等不同形式的内容。引导学生对城市环境问题有所认识，真正理解绿色植物在生态环境保护方面的巨大作用，体验科学探索的过程。

整个活动的设计贯穿兴趣培养、基本知识与技能学习、社会文化关注、热点问题讨论及问题解决，层层递进地向学生传达绿色文化与生态理念。

3.2 重点、难点和创新点

3.2.1 重点

学会科学观察植物，理解植物滞尘的基本原理；主动获取知识的能力、科学思维能力、科学探究精神的培养与提高；认识到植物是城市文化与城市生态的重要载体，保护植物是改善城市生态环境的有效途径，能够自觉建构保护生态环境的理念。

3.2.2 难点

学生设计植物滞尘量实验方案、我的梦想吸尘器科学幻想画的创作是难点。

3.2.3 创新点

（1）内容的创新：本活动打破学科界限，将植物、文化、生态、环境相融合、人文与生态相结合，向学生传达绿色科学知识、绿色文化理念、科学探究精神。

（2）形式的创新：活动中采取学生主动寻找发现，独立观察阅读，集体讨论、思考、设计创作，教师集中指导的活动形式，学生综合运用多种学习策略，整个教学活动收到事半功倍的效果。

3.3 利用的各类科技教育资源

（1）场所：北京教学植物园展览温室、树木分类区。

（2）资料：网络、书籍、相关文献。

（3）器材和用具：儿童数码显微镜、笔记本、一次性烧杯、镊子、剪刀、载玻片、托盘、滤纸；植物材料；活动单、展板、铅笔、留言本、创可贴、驱蚊花露水等医药用品。

3.4 活动过程和步骤

3.4.1 第一阶段：活动准备

（1）确定活动主题，撰写活动方案、活动计划，发布活动通知。

（2）成立活动组织机构，协调领导、同事、校内外关系。

（3）设计、制作展板及活动任务单。

（4）准备活动安全预案，落实安全管理工作。

（5）对活动场地进行现场勘察，准备活动道具及相关仪器。

（6）准备铅笔、帽贴、留言本等各类活动用品。

（7）志愿者培训及分工。

3.4.2 第二阶段：活动主体阶段

3.4.2.1 第一季——快乐绿色行

北京的4月，桃红柳绿，春意盎然，植物园的春天充满了生机。此季适逢世界地球日，以此为契机，组织学生在世界地球日前后走进植物园，感受绿色，感受生态之美，为后续活动埋下伏笔。

（1）破冰游戏：学生自行分成4个小组，每组佩戴一种水果挂牌，开展"水果蹲"的游戏（图1）。学生自行分组的过程有利于提高沟通能力；分组活动有利于培养团队精神。

（2）听规则领任务：教师组织学生集中于展览温室，简要介绍温室各展厅布局、方位及植物分布情况。要求学生在规定时间内在温室中寻找自己眼中叶片最大、叶形最美、叶色最丰富等10种称为植物园温室之最的植物，并按要求填写到教师发放的"我的自然日记"的活动单中（图2、图3）。

图1　破冰游戏"水果蹲"

图2　记录温室之最

（3）开启发现美的旅程：本阶段是学生自由观察、自主发现的过程，教师起引导的作用。学生根据要求，结合园区的植物标牌，仔细观察、找寻心中最美、叶片最大等植物的过程，有助于充分应用视觉、触觉、嗅觉，学会从植物的结构、形状、大小、色彩、气味等方面观察植物，有利于发展发现植物之美的审美情趣。

（4）交流分享：同学们在规定时间内完成活动任务，并在教师的组织下分享交流发现美的历程及收获（图4）。然后教师引导学生围绕"你的校园有哪些植物？""植物与我们人类生活有怎样的关系？"展开讨论。学生通过交流，培养了总结概括及沟通表达的能力；自觉意识到植物是人类的亲密伙伴、植物在我们的医食住行中发挥着重要的作用，树立热爱植物、关爱自然的生态理念。

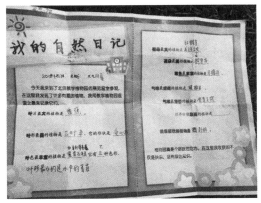
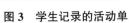

图3　学生记录的活动单

图4　交流分享

3.4.2.2　第二季——市花大搜寻

北京的5月，瞬间进入初夏时节，市花月季争芳斗艳，装扮着京城的大街小巷，每年的月季文化节也在5月举行。抓住这一有利时机，以市花为载体，在植物园中开展活动，向学生普及植物文化，可以收到事半功倍的效果。

（1）活动热身——猜猜我是谁：在活动正式开始前，教师将事先"盛装打扮"的月季花拿出来，由茎、叶、花的顺序逐步向学生展示，让学生说出植物的名称。借此，引出"市花"，并指出目前我国许多城市已根据本地的植物资源特色及地方文化确定了市树、市花，在教学植物园的温室中引种栽培了一些城市的市花，学生可以一堵这些市花芳容。由此，引出活动主题，号召学生加入到本活动中来。

（2）活动高潮——市花搜寻之旅：在教师简要介绍活动单构成及任务要求、发放活动单之后，学生即进入了自主活动阶段。本阶段是学生自由观察、寻找答案的过程，需要利用手中的活动单与展览温室中的特殊标识来完成活动任务（图5）。分为三部分内容：

火眼金睛识市花：学生需要在温室中边观察边找目标植物，将活动单上错位的3种市花叶片与花朵进行正确连线组合。这一目标的完成，有利于学生养成认真观察的习惯，认识到叶、花在种类识别中的重要性。

古今植物文化通：学生需要仔细阅读市花标牌上有关诗句等的文字信息，从中提取、归纳信息，完成活动任务。

图5　市花搜寻之旅

我是小小旅行家：学生需要将自己转换为一位旅行者角色，在中国地图上搜寻自己的旅行目的地，在地图中相应位置做出标记，并将城市名称及其对应市花的名称填在活动单相应空格处。

学生在执行上述任务时，漫步美丽多彩的热带温室，在领略植物之美的同时，能切身感受到植物在我国传统文化与当代文化中的重要地位，易于在心理上产生热爱植物、关爱植物的情感。

（3）活动尾声——畅聊心声：同学们在规定时间内完成活动任务之后，上交活动单。教师仔细阅读分析学生的活动单并对完成情况进行点评。组织学生围绕"你最喜欢哪种市花？为什么？""假如让你制定一个选取校花的方案，你会从哪些方面来确定？"等问题交流。最后，教师进行小结，并为参加活动的学生发纪念品（图6~图10）。

分享喜欢哪种市花的过程有助于让学生加深对活动过程中获取到的知识的记忆，培养总结概括能力；为校园选校花方案的讨论，可引导学生学会从身边熟悉事物出发，进行科学探究，激发学生科学探究的兴趣。

3.4.2.3　第三季——植物吸尘器

为契合2013年"六·五"世界环境日主题"同呼吸、共奋斗"，促进中小学生保护生态环境理念的建构，选择在6月上旬在北京教学植物园树木分类区举办此活动。6月的

图6　师生交流

图7　活动纪念册封面

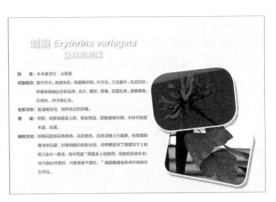

图8　活动纪念册内页

图9　活动单正面

图10　活动单背面

植物园绿树成荫，学生置身于此情此景，开展体验活动，有利于其情感的升华。

（1）阅读绿色知识：本环节教师为学生精心准备了图文并茂、通俗易懂的科普展板——"PM知多少""植物与城市环境"。学生带着展板导读的问题，边读边思考，填写相关内容（图11、图12）。通过这一环节，学生对PM的含义、对人体的危害以及植物可以阻滞大气中粉尘颗粒有初步的了解，为后续活动做好知识储备。

（2）"植物大战PM"是真的吗？教师以学生阅读展板所获取知识及日常生活经验为基础，引导学生分组围绕"植物大战PM是真的吗？"展开讨论。最后，教师对学生的问题进行小结，并通过阅读相关文献的方式，指出目前防治大气颗粒物污染主要靠环境工程技术措施，而植物叶片以其特有的结构，通过停着、吸附或黏附3种方式进行滞尘，能有效地减少空气中颗粒物和空气中细菌含量，所以，植物对一定范围内空气中的粉尘颗粒有吸附和

图11　阅读展板

拦截作用。通过分组讨论的形式，引导学生探讨与日常生活息息相关的问题，有利于激发学生的好奇心和学习科学的主动性，增强对植物滞尘基本原理的认识。

（3）植物滞尘结构大揭秘：教师将事先在园区采集好的构树、泡桐、糠椴、垂柳、蜡实、黄檗6种植物叶片作为活动素材，引导学生使用儿童数码显微镜观察植物的叶表皮毛，并将其观察到的结果填写在活动单上（图13）。学生通过动手操作、显微观察，打破了对植物固有的认识，发现植物的叶片并不是想象中那么光滑平整，进一步认识和理解植物滞尘的原理。

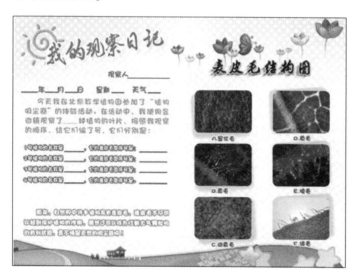

图 12　活动单

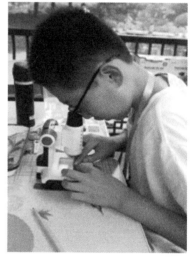

图 13　植物滞尘结构观察

（4）方案大PK：本环节教师围绕主题，设计了两个创作项目：植物滞尘量测量实验设计、我的梦想吸尘器科幻画创作。学生需要在要求时间内任选一个项目进行创作，并能对自选项目设计结果进行阐述。滞尘量实验设计有利于学生科学思维的培养，让学生"动手"和"动脑"相结合，引导他们学会主动思考问题，逐步形成质疑、反思的科学思维习惯。科学幻想画的创作有助于其对相关科学知识的理解及其想象思维的发展（图14）。

图 14　梦想吸尘器幻想画

（5）我思考我做到：采取交流的形式，引导思考改善空气质量、建设绿色北京、绿色家园对于小学生所能做的事，并鼓励学生将绿色理念贯穿到实际行动中，从我做起，以点带面影响周边同学，辐射学校、家庭。

4 可能出现的问题及解决预案

活动中可能出现的问题及解决预案见表1。

表1 活动中可能出现的问题及解决预案

可能出现的问题	解决预案
在寻找温室之最时，学生可能不认识他观察到的、他认为是心中之最的植物	提前对植物标牌进行预查，尽量补齐标牌；在活动中教师及志愿者在学生活动场地巡视，帮助学生解决问题，鼓励学生用相机拍下相关植物，最后教师给予指导
个别学生与大家分享的植物，可能其他同学不认识或在观察的过程中没有注意到，影响活动效果	教师事先准备 iPad，在随机巡查的过程中，将学生的一些发现拍下来，在分享的过程中便于展示
学生在寻找"市花"的过程中，可能会迷路或者很难找齐几种市花，从而中途会放弃活动	事先在活动单上印制园区地图，并将相关市花在园中所处位置做标注，便于学生找到相关植物
学生在阅读展板时，可能在短时间内不容易抓住重点、把握核心内容，因而在回顾知识时有困难	教师事先准备展板导读问答，提取核心内容，以填空、选择题的形式出现，加深阅读印象，为下一环节活动的开展打好基础
学生在观察植物表皮毛时，可能对其归类把握不清，因而在填写表皮毛类型时有困难	教师事先印制表皮毛结构图，并把活动中涉及的植物表皮毛图拍下来，印制在活动单中，便于学生正确辨识
学生在设计实验方案与幻想画创作之初可能会有困难，积极性不强	在实验方案设计方面教师给予指导，和学生一起分析要考虑的关键点；将事先准备好的曾经获奖的科幻画作为示范，学生从中得到启发，激发学生的热情
活动中学生可能会出现碰伤、摔倒等安全隐患	事先制定全面合理的活动路线、安全预案；确定完善的现场工作人员分工；全区各处均由安全巡视员定点巡视；为学生准备创可贴、藿香正气水、防蚊花露水等医药用品

5 预期效果与呈现方式

5.1 预期效果

本活动是学生自主学习、自主探究，教师引导的体验式教育活动，学生从活动中获得的知识、能力、感受、领悟、情感等，都是通过自主的活动自觉地产生的。学生通过参加

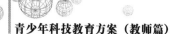

这种活动获得的预期效果如下：

（1）学会综合运用视觉、触觉、嗅觉，从植物的叶形、花的结构等方面科学观察植物的特征。

（2）能够通过自主阅读材料，提取有用信息。

（3）关注社会热点问题，理解植物滞尘的基本原理。

（4）认同植物文化、理解植物文化与自然生态的和谐统一。

（5）科学思维、科学探究的能力得到培养；团队合作能力、创新能力得到提升。

（6）通过与植物的亲密接触，感受植物魅力，认识到保护植物是改善城市生态环境的有效途径，能够自觉建构保护生态环境的理念。

5.2　呈现方式

学生的活动单、设计的方案、学生交流分享中自我观点的陈述与表达、学生的活动感言、留言本、微博等信息反馈。

6　效果评价标准与方式

效果评价的依据是活动目标的达成情况，评价的主要目的是全面了解学生学习的过程和结果，激励学生学习和改进教师教学。通过评价所得到的信息，可以了解学生达到的水平和存在的问题，帮助教师进行总结与反思，调整和改善教学设计和教学过程。因此，要尽可能运用多元化的评估体系。本方案注重评价主体多元化、评价形式多元化，分别从对学生的评价与对教师的评价来进行评估，从活动组织实施的全过程给予评价。

6.1　对学生的评价

对学生评价的主体是教师、家长以及学生。教师对学生的评价主要采用行为表现评价法，对学生在活动中执行活动任务的独立性、探索的意愿、任务完成的情况以及交流分享的主动性等方面进行评价。通过对家长访谈的形式，了解家长对孩子的评价。学生通过自评及小组成员评价，对他在活动中获得的科学知识、方法，以及由此产生的新的认识进行评价（表2）。

表2　学生评价表

评价对象＿＿＿＿＿＿＿＿＿＿　　　　　　　　　　　　评价主体：学生（自评、他评）

序号	评价项目	优	良	中	差	选项
1	能够正确认识的植物数量	①20种	②15种	③10～15种	④10种以下	
2	通过阅读标牌、展板提取信息的能力	①快速准确	②准确，但稍慢	③较为准确	④有待努力	
3	参与活动的态度	①积极热情主动	②积极热情但欠主动	③态度一般	④较差	
4	独立完成任务情况	①好	②较好	③一般	④差	
5	团队合作意识	①强	②较强	③一般	④差	
	综合评价					

6.2　对教师的评价

对教师评价的主体是学生、家长、其他教师及教师本人。通过学生、家长留言、访谈及学生微博对教师在教学中的表现，教师实施活动的创新性、科学性、对学生产生的影响等方面进行评价。其他教师采取观摩的形式，主要对教学活动组织的有效性、教学目标的完成情况进行评价。教师进行活动录像回放，分析学生任务单，总结学生活动中的参与情况，评价整个活动过程是否具有科学性、创新性、可操作性和服务性，活动是否实现了预期效果，活动是否达到了培养目标。

7　对青少年益智、养德等方面的作用

本活动应用自然体验式的绿色教育理念，注重学生与自然的接触，通过学生置身于情境中的亲身经历，在体验、探究中不断自我总结、反思、概括，自觉获取来源于实际生活的绿色科学知识及科学理念，主动激发出对科学研究的兴趣及对社会热点问题、环境问题的关注与思考，培养勇于创新的自主学习精神。同时，活动自始至终引导学生认识到植物与我们的生活密不可分，植物文化源远流长，植物文化是生态文化的重要组成部分，认识到植物是城市文化与城市生态的重要载体，保护植物是改善城市生态环境的有效途径，能够自觉建构保护生态环境的理念。倡导学生关爱生命，与自然和谐共处，构建生态文明理念，创建绿色生活方式。另外，团队协作能力对人的生存和发展有着重要的意义，良好的团队协作能力是高素质人才所必备的。在本活动中，安排学生分组活动，小组成员之间配合完成任务，对学生的团队协作能力有一定的培养。从整体上来说，本活动符合我国现阶段的教育方向，坚持以人为本、全面实施素质教育，努力将青少年培养成为德才兼备、适应社会发展需要的国家创新型人才。

参考文献

贾彦，吴超，董春芳，等. 7种绿化植物滞尘的微观测定 [J]. 中南大学学报：自然科学版，2012，43（11）：4547-4553.

教育部小学科学课程标准修订工作组. 全日制义务教育小学科学课程标准（修改稿）[M]. 北京：人民教育出版社，2004.

林崇德. 发展心理学 [M]. 北京：人民教育出版社，1995.

王仲杰，卢晓华. 浅论体验式教育的功能 [J]. 青岛大学师范学院学报，2002，19（4）：56-57.

1 活动背景

北京教学植物园隶属于北京市教育委员会，是全国唯一一所专门面向中小学进行植物与环境科普教育的教育教学单位，是"全国科普教育基地""北京市科普教育基地""北京生态道德教育基地""全国中小学环境教育社会实践基地"，为促进北京市的基础教育教学和科普工作发挥了独特的、重要的作用。

新课程自改革以来，国家大力倡导学生要努力实践、自主探究、勇于创新，更加注重学生的德育教育。正是在这样的背景下，北京教学植物园结合自身特点和优势，联手北京市教育学会劳动技术教育研究会，举办了这项以"播种绿色·放飞梦想"为主题的，融实践体验与生命教育于一体的，面向广大中小学生的普及性实践活动。使孩子们从种下一粒种子开始，亲身经历植物的生命过程，锻炼查阅资料、制订计划、动手操作、观察记录、实验探究、解决问题等多方面的能力，同时还促进孩子们养成良好的习惯和品格，使孩子们懂得感恩，更加关爱生命、热爱大自然，也为孩子们留下一段美好的回忆。

本项活动为教师和学生提供一个中长期科学探究和成果展示的平台，营造浓厚的学科学、爱科学、用科学的科技氛围，全面推进素质教育，对教师队伍建设和校园科技文化建设也起到了很好的推动作用。

2 活动目的

2.1 科学知识与技能方面

学生从实践中认识植物的形态知识，了解植物生长经历种子、发芽、生长、开花、结果的完整过程；了解和掌握播种、间苗、移栽、浇水、施肥等栽培管理方法。

2.2 科学方法与能力方面

会细心观察植物的成长变化；会以文字或绘图或摄影等形式进行记录；锻炼信息搜集、实验探究、解决实际问题的能力。

2.3 情感态度与价值观方面

通过实践体会劳动的辛苦与快乐；培养细心耐心、持之以恒、遵从科学规律办事的习

---

*注：此项目获得第35届北京青少年科技创新大赛"青少年科技实践活动比赛"一等奖、第35届北京青少年科技创新大赛"十佳优秀科技实践活动"。

惯和品质；增进对植物、对大自然的情感；懂得感恩和关爱他人。

3 活动实施计划

3.1 活动准备阶段

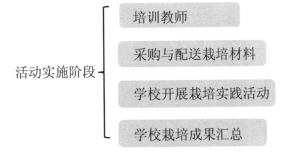

活动准备阶段 —— 成立活动组织小组

设计活动方案

组织全市相关学科教研员研讨和学校动员

3.2 活动实施阶段

活动实施阶段 —— 培训教师

采购与配送栽培材料

学校开展栽培实践活动

学校栽培成果汇总

3.3 活动总结与表彰阶段

活动总结与表彰阶段 —— 征集学校优秀栽培作品

举办成果展示会

表彰优秀学校、教师及学生

4 活动组织机构

活动组织机构明细见表1。

表1 活动组织机构明细

姓名	专业	职务	项目分工
张卫民	生物	北京教学植物园中教高级教师	项目负责人
于宝霞	生物	北京教学植物园中教高级教师	实施负责人
马凯	生物	北京教学植物园中教一级教师	培训、宣传、督导
龙磊	生物	北京教学植物园中教二级教师	材料订购及管理、督导
刘鹏进	生物	北京教学植物园中教二级教师	培训、督导

5 具体实施过程

实施过程主要包含启动、教师培训、栽培材料购买和配送、学生栽培实践体验、中期督导、征集学校优秀栽培作品、成果展示暨表彰七项工作内容。

5.1 项目启动

2014年3月15日下午，专项组在北京学生活动管理中心举行教研员培训研讨会（图1），并进行了一个简短的项目启动仪式。专项组成员、主办方北京学生活动管理中心领导及来自海淀、朝阳、通州等10个城郊区的30位中小学科学、劳动技术、生物教研员参加。特邀北京农业职业学院园艺系主任李志强副教授进行植物栽培理论与技术实操培训（图2）。启动仪式的开展拉开了实践活动的序幕。

图1 教研员培训研讨会　　　　图2 植物栽培理论与技术实操培训

5.2 教师培训

在2014年3月21日至4月14日期间，先后在海淀、朝阳、通州等城郊区举办中小学教师培训20场，对350多所学校1000余名教师进行了植物栽培理论与实践的培训（图3），取得了良好的预期效果。

培训中详细介绍了植物栽培实践活动的参与办法、往届优秀教师和学校的组织经验，对五彩椒、凤仙花、珊瑚豆（小学组）和百日草、茑萝、珊瑚豆（中学组）栽培的理论和技术做了深入的辅导。

图3 教师培训

5.3 栽培材料购买和配送

本项目免费为每一位参加活动的中小学生提供整套的栽培材料，包括种子、花盆、栽培用土和营养液，为每所学校提供两本教师参考用书（图4）。

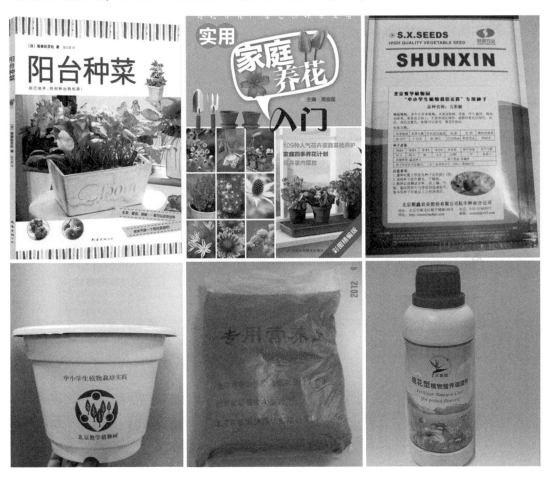

图4 购买参考书及栽培材料

通过市场调研，选择了质优价廉的生产商，签署合同予以采购，并由配送公司统一配送到每一所学校。

5.4 学生栽培实践体验

3月底开始，各校陆续开始开展栽培活动（图5），到7月底成果展示，持续了4个月时间。活动进程大致为：动员，调动学生参与的积极性—录取学生—栽种方法培训—栽种方案设计—播种—养护管理，同时进行植物生长观察记录——优秀作品展示分享。

很多学校在活动组织过程中根据自身需要，结合自身特点，将栽培活动举办得有声有色。例如：

北京市玉渊潭中学：成立植物栽培兴趣小组，整个活动交由学生们自己策划、组织，教师成为真正的引导者。学生们遇到问题后，先在小组内交流、查资料，分析解决，无法解决的问题再去请教教师。这种形式让学生们自主学习、体验、探究并体会团队合作的重要性。

丰台区万泉寺小学：以"绿色种植我能行，绿色探究我在行，绿色低碳我践行"展开全校种植，还利用学校种植园地，丰富了花生、扁豆、丝瓜、葫芦等植物种类，为校园营造了绿色、和谐、低碳、文明的文化环境。

北京市第十二中学：使栽培活动与科技节挂钩，以班级为单位进行，评比时计入班级成绩；将栽培活动纳入"花卉与蔬菜栽种"选修课的一部分，使栽培实践活动与学生在校的学习有机结合。

东城区特殊教育学校："种花即种心"的中心目标，使栽培活动与听障学生思想教育紧密结合。

图5　学生栽培实践体验

由于对植物的观察记录没有格式的限制，各校呈现的作品多种多样，有的是表格数据严谨翔实型，有的是图文并茂感情充沛型，展现了学生对活动的认真与热爱。

5.5　中期督导

在植物生长的不同阶段，项目组先后对部分学校的学生和教师进行了指导，如中国农业大学附属小学、松榆里小学、北京第二实验小学、盲人学校、北京市第二中学分校、北京工业大学附属中学。从如何播种、育苗到幼苗、花果期的管理等多方面进行具体的指导（图6）。同时还通过办公热线、电子邮件等形式解答师生和家长提出的各类问题。

图6　中期督导

5.6 征集学校优秀栽培作品

7月3~11日，征集学校优秀作品，包括教师活动总结、学生的栽培种方案、观察和管理日记、活动体会等内容，纸质和电子版各一份。专项组先后共收到335所学校的材料，占学校总数的96%。

图7 评委对各校活动进行评比

聘请了城郊八区科学、生物和劳动技术课程教研员为评委，根据专项组制定的评选标准对各校活动进行评比（图7）。最终，共有490名同学获得了一等奖，900名同学获得了二等奖，9530名同学获得了三等奖，645名教师获得了"优秀辅导教师"称号。

5.7 成果展示暨表彰

2014年7月29日，在北京学生活动管理中心举办颁奖暨成果展示会（图8），北京教育科学研究院基础教育教学研究中心主任贾

图8 成果展示暨表彰

美华，北京学生活动管理中心领导，各区科学、劳动技术、生物等学科教研员，以及教师、学生和家长代表共 300 余人参加。

会上对获得优秀成绩的学生、指导教师代表及优秀组织单位给予表彰。教师、学生、家长和教研员代表分别进行了发言，与大家一起分享自己的经验和收获。专项组还搭建了栽培成果展示平台，展示了孩子们的 150 余盆种植成果，利用展板展示了约 100 所学校的优秀组织的经验以供交流、分享。

6 活动效果

6.1 规模大、覆盖广

本项目是普及性的实践活动，开展规模大、受众多、覆盖面广。2014 年有 351 所学校 35 100 名中小学生和 700 余名辅导教师参与，学校分布在海淀、朝阳、通州、大兴等 11 个城郊区（表2）。

表 2　北京参加活动的中小学统计

序号	区	小学（所）	中学（所）
1	东城区	24	12
2	西城区	26	16
3	朝阳区	58	32
4	海淀区	41	31
5	丰台区	36	14
6	石景山区	12	5
7	通州区	10	10
8	大兴区	10	10
9	顺义区	2	
10	房山区	1	
11	平谷区	1	
总计		221	130

6.2 突出体验和实践

植物栽培重在实践和体验，从种植方案设计到播种、植物生长各个时期的管理都需要孩子们亲力亲为。在整个栽培实践过程中，主动型、体验型、问题型等学习方式的使用，锻炼了孩子们的探究能力和解决实际问题的能力和主动性。比如，学生利用对比试验研究土壤配比、播种方法、光照影响、肥料浓度等方面的问题，主动通过多种途径解决遇到的种子迟迟不发芽和植株瘦弱发黄、掉叶等实际困难。

6.3 有助于解决校内栽培实践课存在的问题

目前植物栽培活动在部分中学以劳动技术课、小学以科学课（或劳动课）形式开展，但存在材料短缺、良莠不齐、缺乏专业教师指导且教师经验交流缺失等突出问题，学生们栽种的效果不理想，成为困扰很多教师的难题。本项活动提供理论、方法的指导，并提供保质、保量的栽培材料，有效提高了校内实践课的质量和效果。

6.4 是对青少年进行道德教育的良好载体

植物栽培不仅注重学生知识的获得和能力的提高，更注重学生品质和情感的培养。通过对植物的栽培、照料和生长情况的持续观察，培养孩子细心、耐心、持之以恒的优良品质，以及懂得要按照客观规律办事的方法。孩子们经历了植物完整的生命过程，体会到了生命的坚强与脆弱，更懂得了生命的可贵及对培育者的感恩。正如孩子所说："在这个培育过程中我更深深地感受到了，其实我不就是这样一棵小苗吗，在老师和家长的精心培育下一天天茁壮成长。感谢爸爸妈妈、老师们对我的培育和爱！"

6.5 老师和学生的反馈

6.5.1 老师的话

这不仅仅是一次"育苗"比赛，同样也是一次"育心"的学生实践。

他们亲手栽种了植物，观察到植物由播种、发芽、开花到结果的过程。每当植物有了新变化的时候我都能看到学生们惊喜的表情，植物就好像是自己家养的"小宠物"一样。学生每天总要抽时间来到花房看看自己培养的小生命，给他们浇水、除草，观察它们的长势。看到他们的认真劲，很感慨，为什么文化课上学生的状态和这完全不同啊？

很多同学还应用了我们生物课中所学的科学探究的方法，设计了对照实验进行比较，同学们学会了总结、分析原因，这种亲身的实践对学生将来的学习会有很大帮助。

孩子们体验到的不仅是种植的快乐，还体会到生命的过程，这样的经历是留给孩子最宝贵的财富。

"坚持"是我们学生在活动中的阻碍，可喜的是，许多孩子都做到了。

人不能孤立，合作才是打开成功之门的钥匙。让学生体会到合作和竞争是相辅相成的，在有效合作的基础上，才能高效竞争。

从学生的记录当中也可以看到年龄差距的不同呈现出来的记录结果水平参差不齐，但是，这些正是学生最为本真的状态。也只有多次完成这种实践，学生的综合素质才能够提高。

6.5.2 孩子的话

种子是一个生命，我第一次感受到责任的重量。

观察能力得到提高，每天细心观察它的成长，看有哪些地方跟昨天不一样。

责任心加强了，每天都回家去看它，精心呵护，看看是否需要适宜的温度、土壤和环境。

学会耐心地等待，了解植物的生长也要按一定的规律去培育。

一个个难题，一次次挫折，让我变得更成熟了。我向老师请教，向家长学习经验，和小伙伴之间互相交流探讨，知道了种植的秘诀，明白了科学道理。

养花好比养一个孩子，它也有自己的生命，需要你用科学的方法去种植和养护它，需要用心去爱护它。

感受到了以前从来没有过的劳动带给自己的辛苦与快乐，以及汗水和劳累换来收获播种的希望。我想说，以后我再也不会浪费一粒粮食、一根菜叶了，因为我体验到了农民劳动的辛苦、收获的不容易。

在这个培育过程中我深深地感受到了，其实我不就是这样一棵小苗吗，在老师和家长的精心培育下一天天茁壮成长，我感谢学校的这次种植之旅，它让我体会到了生命的可贵和对培育者的感恩！我爱五彩椒！我爱我的爸爸妈妈，他们给了我生命！感谢爸爸妈妈、老师们对我的培育和爱！

6.6　活动影响力

活动受到社会媒体的广泛关注，《新京报》《法制晚报》、中国教育新闻网、北京校外教育网、《首都校外教育》杂志、新浪网、网易、凤凰网等多家媒体给予了报道和转载。

7　活动收获和体会

7.1　选题突出实践性，体现时代需求

植物栽培重在实践和体验，从种植方案设计、播种到植物生长各个时期的管理和记录都需要孩子们亲力亲为。播种方式、光照影响、肥料的浓度等一系列问题也给孩子们留下了探究的空间。符合新课程所提出的提高学生实践能力、探究能力、创新意识、解决实际问题能力的要求。

7.2　精心的培训与指导，是活动顺利进行的保障

北京教学植物园为学校的辅导教师们提供细致的理论与实践的培训，并下到学校进行过程性辅导。各校教师们指导孩子们进行种植设计、播种育苗，解决遇到的难题，督促孩子们坚持记录植物的生长变化和管理过程，为孩子们策划如何设计植物的成长日记。正像孩子们照顾幼苗一样，教师呵护着孩子们茁壮成长！

7.3　搭建平台，促进交流

活动在多个层面搭建交流平台，如学校的班级活动、各区教研中心的教研活动以及北京教学植物园组织的成果展示会，促进了学生之间、师生之间、学校之间的经验交流。

7.4　与校内活动相融合，推进校园科技和文化建设

许多学校将栽培实践活动与学校的生物课、选修课、校园主题活动相结合。比如，丰台区万泉寺小学结合学校低碳主题活动，以"绿色种植我能行，绿色探究我在行，绿色低碳我践行"展开全校种植，还利用学校种植园地，丰富了花生、扁豆、丝瓜、葫芦、等植物种类，为校园营造了绿色、和谐、低碳、文明的文化环境，推进了校园科技与文化建设。此外，对教师队伍建设也起到很好的促进作用。

参考文献

吴永军. 正确认识新课程改革的理论基础及其价值取向 [J]. 教育科学研究，2010（08）：5-8.

靳玉乐，张丽. 我国基础教育新课程改革的回顾与反思 [J]. 课程. 教材. 教法，2004（10）：9-14.

二、环保活动类

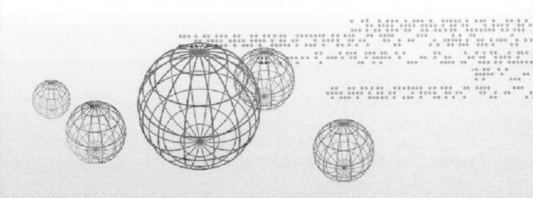

"我是环境监测员"——北京城市生态系统研究站 参观体验活动*

1 背景与目标

1.1 背景

"树立尊重自然、顺应自然、保护自然的生态文明理念，努力建设美丽中国"，是党的十八大报告提出的生态文明理念和目标。生态文明，教育先行，我国现阶段义务教育已明确将加强生态环境教育写入课程标准，成为我国素质教育的重要环节。北京城市绿色发展建设规划同样指出要积极倡导绿色文化，加大宣传、教育、培训力度，尤其是以中小学为重点，逐步建立"绿色北京"教育体系。

2013年"六一"儿童节前夕，习近平总书记来到北京教学植物园，在园区的城市生态系统观测站与孩子们长时间亲切交流了对环保的认识和理解，听孩子们讲有关城市环境因子的数据分析、$PM_{2.5}$的具体危害等方面的知识，并在此对孩子们提出了"保护环境是每个人的责任，少年儿童要在这方面发挥小主人作用"的殷切期望。

本活动以近年来备受关注的"空气污染物"为主线，分析整合了北京市小学三至四年级《科学》课中有关"变化的空气"和"经历科学"等校内课程内容，以全市各小学中高年级的学生为活动对象，利用北京教学植物园与中国科学院生态环境研究中心合建的城市生态系统研究站这一优势资源，采用情境教学的方式，带领学生走进环境监测专家的工作场地，以精密的科研设备、精确的数据信息，配合直观的实物观察和直接的教师讲解，让学生更直观地理解城市环境空气变化的监测过程，更真切地感受科研人员工作时的氛围，力求帮助他们把课堂上讲授的知识内化为自身的感性认知而记忆和升华。

1.2 目标

1.2.1 知识目标

（1）认识监测城市生态环境的4种典型设备，说出其各自的作用。

（2）了解城市环境空气污染物的主要种类。

（3）知道$PM_{2.5}$的科学含义以及来源和危害，列举出生活中对控制和降低$PM_{2.5}$有利的行为方法。

---

*注：此项目获得第35届北京青少年科技创新大赛"科技辅导员创新成果竞赛科技教育方案类"二等奖。

1.2.2 能力目标

（1）通过观测和记录空气污染物分析仪的各项实时动态数据，培养通过记录获取数据信息的基础科研能力。

（2）通过对观测数据的比较，体验科学家分析、处理和整合信息的科研方式。

1.2.3 情感态度与价值观目标

（1）学生亲身感受环境监测的科研过程，体会到先进的科学技术与生活的密切相关，能够促进对环境监测重要性的认同感，加深对城市空气污染的认识。

（2）提升学生以实际行动应对城市空气污染的行动力，激发他们充分发挥在生态文明建设中的"小主人"作用，用"美丽中国 蓝天梦想"的环保理念影响身边的每个人。

2 方案涉及的对象和人数

（1）对象：活动参与者均为参加 2014 年北京教学植物园"绿色北京——青少年体验活动"的全市各小学中高年级学生。参与学生来自包括史家小学、北京小学和光明小学，以及门头沟等远郊区县在内的几十所学校。

（2）人数：本项活动参与者累计已达 1000 人次。

3 方案的主体部分

3.1 活动内容

本活动带领学生来到建在北京教学植物园中的城市生态系统研究站，与监测城市环境空气质量的高精尖科研仪器进行一次"亲密"接触。活动首先通过游戏形式引导学生辨识研究站中 4 种典型的监测设备（风向标、温湿度计、颗粒物采样装置、空气污染物测量器）及其作用。接着进入研究站的腹地，学生"零距离"观察被誉为"监测大脑"的空气污染物分析仪，对分析仪得到的 5 种空气基本污染物（$PM_{2.5}$、SO_2、NO_x、O_3、CO）含量数值进行播报和记录，并与监测标准进行比较，共同分析活动当时的环境空气质量情况。最后，大家对空气污染物的来源及控制方法进行交流，以粘贴"信心之花"的形式表达自己保护环境空气的决心。

本活动带领参与学生从认识监测仪器开始到分析监测数据结束，完成一次"环境监测员"的科研经历，由浅入深的过程为参与者掀去了城市生态监测作为科学研究的神秘面纱，同时通过让孩子们担当小小环境监测员的责任，力求激发他们助力蓝天梦实现的决心，这也正是本活动的主旨所在。

3.2 重点、难点和创新点

3.2.1 重点

（1）带领孩子认识监测城市生态环境的 4 种典型设备。

（2）让孩子正确理解 $PM_{2.5}$ 的科学含义以及来源和危害，能够列举出生活中对控制和降低 $PM_{2.5}$ 有利的行为方法。

3.2.2　难点

（1）学生对 $PM_{2.5}$ 的形象化理解。

（2）三年级学生对有小数点的数字大小的比较。

3.2.3　创新点

（1）社会热点作为活动主题进行深入探究：近两年来，随着雾霾天气的频繁出现，$PM_{2.5}$ 等生态专业词汇迅速成为公众热议的话题。本活动即围绕这一社会热点，带领青少年认识环境空气监测仪器，通过近距离观察和教师讲解了解其工作原理，并记录主要空气污染物含量的实时数值。整个活动即是经历一次环境监测研究人员的工作流程，这不仅让参与者揭开了科学家搞科研时的神秘面纱，了解了各种空气监测数据的来龙去脉，更加激发了学生的兴趣，有利于他们把所闻所见的知识进行主动分析与记忆，并能够以实际行动应对城市空气污染。

（2）科研场所转化为科普场地实现公众共享：北京教学植物园内的城市生态系统研究站，由中国科学院生态环境研究中心与北京教学植物园于 2007 年 6 月合作建成，是中国科学院生态环境研究中心在北京二环内设立的唯一一个监测点，具有先进的环境科学研究设施。本活动利用这一优势资源，带领来自全市各小学的中高年级学生走进研究站，零距离接触一流的科研仪器、体验精深的科研工作、感受高端的科研氛围。教师与学生在这里一起揭秘空气污染物的组成、测定它们的含量，传递知识和技能的同时激发了学生对探究城市环保的兴趣和情感。

3.3　利用的各类科技教育资源

（1）场所：北京教学植物园内的城市生态系统研究站。

（2）器材与用具：知识点介绍展板、手持式展示卡、毛泡桐带叶片的枝条、任务单、立体小红花、铅笔和垫板夹。

（3）资料：网络查询和专家提供的专业文献，首师大版《科学》教科书。

3.4　活动过程和步骤

3.4.1　第一阶段：活动前期准备

（1）咨询生态环保专业专家，对活动知识内容的准确性进行严格审核。

（2）与开放活动组、老师、家长沟通，取得各方对活动的肯定与支持，发布活动通知。

（3）进行活动任务单、知识展板、展示图片和活动宣言板的设计制作。活动中使用的扩音器、垫板夹、铅笔和立体小红花等物资统一购买发放。

（4）活动场地的勘察与布置。

（5）大学生志愿者的分工培训。

（6）安全预案：

①活动前，对生态系统研究站四周及空气污染物分析仪工作间进行全面的安全排查，张贴明显的安全警示标志。

②在活动场地旁搭设遮蔽棚，遇有太阳暴晒或是下雨时学生可临时躲避。

③合理设计活动场次时间表及每场次参与学生人数要求，活动中张贴告知，并严格按照时间表及每场次人数要求开展活动。

④活动开始和过程中，教师必须对可能会引发的危险进行提示。

⑤安排三名协助人员，分别负责学生活动用品的收发及活动场地周围安全巡查，学生活动过程中的纪律管理和安全提示，活动过程中学生去厕所、意外受伤等突发情况的处理。

3.4.2　第二阶段：活动实施步骤

（1）比眼力、辨仪器、识功能。活动首先通过"比眼力"的游戏模式，唤起学生参与活动的注意力，吸引他们迅速观察生态研究站范围内 4 种典型的环境空气监测仪器。同时启发他们运用已有的知识进行分析，再配合教师对 $PM_{2.5}$ 等热点知识的讲解，判断得出 4 种仪器的名称和功能，完成活动任务单中第一部分"图片与名称连连看"的内容。

（2）监测实时数值，与分析仪"零距离"。颗粒物采样装置和空气污染物测量器是生态研究站中监测空气质量最主要、最精密的核心设备，更是学生难得一见的高端科研仪器。此活动环节中，教师带领学生进入研究站的"腹地"，近距离观察两种核心设备的核心工作区——污染物质的分析测定仪。教师深入浅出地介绍其工作原理后，由一名学生充当播报员，读取分析仪上显示的各种污染物质的数值，这些数值反映的是活动当时的外界空气中各种污染物质的含量，参与学生迅速将实时数值记录在任务单的表格中。

（3）和标准比高低，分析原因想办法。学生亲手记录污染物质的监测数据，调动了他们对了解这些数值所代表意义的兴趣。此时，教师指导学生查看活动任务单上的"环境空气污染物浓度限值表"，比较记录数值与标准值的大小，并用箭头标出高低趋势，进而分析活动当天的空气质量。之后，教师以提问的形式，带领大家讨论影响空气质量的各种原因，并结合身边的人和事，畅谈控制空气污染物、降低城市 $PM_{2.5}$ 的方法。

（4）实现蓝天梦想，朵朵红花表决心。经历了环境监测员的工作过程，学生对环境空气的实时监测过程有了生动而直观的了解，对 $PM_{2.5}$ 等公众热议的空气主要污染物有了科学的认识，并在师生共同交流过程中提出为提高空气环境质量做贡献的宣言倡议，学生自己动手，把代表信心和决心的小红花粘贴在"实现蓝天梦想"的宣言板上。挂满小红花的宣言板，为生态研究站增添了一道风景线，吸引更多的学生驻足参与到活动中来。

4 可能出现的问题及解决预案

活动中可能出现的问题及解决预案见表1。

表 1 活动中可能出现的问题及解决预案

可能出现的问题	解决预案
参与活动学生年龄跨度大	知识点讲授部分按照年龄进行分组；根据学生知识储备划定完成任务单中不同的问题数量
室外活动环节学生容易注意力分散	室外环节中，教师运用"比眼力"的游戏形式吸引学生注意力聚集到活动区域，并用奖励机制激励学生快速认真地参与活动
室内较小空间可能引发磕碰、绊倒等安全问题	活动前仔细勘察，人性化布置活动设施，排除安全隐患。学生进入室内之前务必由教师做好安全教育。室内由专人负责安全巡视与提示。若参与人数超过室内核定的22人承载量，则将知识讲解与任务单填写分析的环节安排到室外显示屏处进行
低龄参与者或个别家长对活动意图不够理解	由专人负责活动前的启发和余热环节，并与家长沟通，引导参与者阅读展板介绍，向家长展示已完成的任务样单，力求形成家长协助和推动活动进行的氛围，实现孩子科普向全家科普的形式，丰富家庭教育内容

5 活动预期效果及检测方法

5.1 活动预期效果

本活动是由教师引导，以学生自主学习、主动探究为主的专题式科普教育活动项目，学生通过参与活动能够获得环境监测的知识，感受进行科研实验的过程，培养科学研究的兴趣，激发环境保护的情感。活动预期效果具体可划分为以下四个方面：

（1）通过"比眼力"游戏，能够快速深刻地记住4种典型的空气环境监测设备的外形和名称，可以说出常用的环境监测设备的作用及所监测的空气环境指标项目。

（2）利用摸头发做比较的过程，配合教师的讲解，能科学地了解$PM_{2.5}$的含义及危害，还能列举出其他种类的城市空气污染物名称。

（3）获得一次"科学家搞科研"的亲身体验，观测并记录环境监测实时动态数据，感受科研的神奇与魅力。

（4）分享交流的环节将学生的感受进行升华，力求推动他们认识到空气环境监测的重要意义，潜移默化中培养"环保小主人"的责任感。

5.2 活动效果检测方法

（1）过程检测。学生参与活动过程都需要完成一张任务单，在活动的每个环节中，都有任务单中的问题填写。通过学生是否能在参与活动中规范、正确、完整、真实地填写任务单，来对活动的过程及效果进行检测。

（2）教师检测。此活动知识性较强，教师的引导作用显得尤为重要。整个活动中，教师的讲解和与学生的互动对话较多，教师通过运用师生互动时的问题提问方式，对学生理解和掌握知识的效果进行检测。

6 效果评价标准与方式

效果评价的主要目的是全面了解学生的活动过程和学习结果，找出活动方案的优缺点，帮助教师进行总结与反思，调整和改善教学设计和教学过程。效果评价的依据是活动设定的各方面目标达成情况，因此应运用多元化的评估体系来进行。

6.1 对学生的评价

对学生评价的主体是教师和家长。学生在活动中的表现，包括活动过程中的参与态度、与组员的沟通和与老师的互动表现、任务单完成情况以及活动结束后与家长的交流等方面。

6.2 对教师的评价

对教师评价的主体是学生、家长及教师本人。通过学生反馈、家长访谈和参与者留言及微博等形式可对教师在教学中的表现进行评价。教师本人通过查看他人评价信息、分析学生填写的任务单、有条件的还可以通过回放活动录像等形式对教学活动组织的有效性、教学目标的完成情况以及教学中的服务性等进行评价。

6.3 对活动过程的评价

评价主体包括活动参与人与旁观者。针对此项知识性较强的活动，对活动过程的评价应包含是否具有科学严谨性、科普可操性和活动创新性，活动是否体现出了学生为主体的教学理念，活动中是否出现过闪光点，是否实现了预期目标，是否达到了培养效果。

7 对青少年益智、养德等方面的作用

此项科普活动，以"雾霾"这一社会热词作为切入点，以环境监测科研站点——生态系统研究中心为活动基地，带领参与学生完成一次"环境监测员"的科研经历。学生通过置身情境的亲身经历，揭去了环境监测这一科研工作的神秘面纱，潜移默化中加深了他们对科学研究的认识程度；跟随教师参与活动的各个环节，了解了城市环境空气的监测研究工作流程，深入浅出地形成了他们对空气污染的科学认识，并推动其思考从身边小事做起以降低空气污染的有效方法，进而升华出"环保小主人"的责任心和使命感。

整个活动注重学生与高精尖仪器的零距离接触，因为对青少年而言，让他们亲眼见到并亲身接触甚至是亲自操作这些平时只有在电视或网络中才能见到的精密设备，能给他们留下特别深刻的印象，更易于激发他们对科学研究的兴趣，有利于培养勇于创新的自主学习精神。

纵观本项活动，教学过程紧扣青少年身心发展的特点，符合现阶段我国倡导的"研究性学习"创新型人才培养的教育模式，助力推动了参与学生科学素养的培养与提升。

参考文献

美国《国家科学教育标准》科学探究附属读物编委会. 科学探究与国家科学教育标准——学与教的指南 [M]. 北京：科学普及出版社，2013.

苏效民. 科学 [M]. 北京：首都师范大学出版社，2009.

杨闯，邱伟华，彭香，等. 新课程课堂教学实施疑难与案例评析·小学科学 [M]. 北京：北京理工大学出版社，2010.

附件　活动过程图片

步骤一　比眼力、辨仪器、识功能

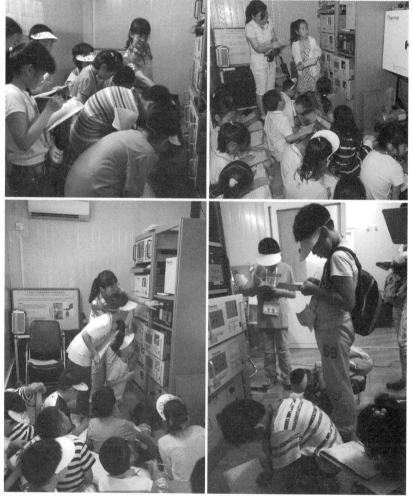

步骤二　监测实时数值，与分析仪"零距离"

步骤三　和标准比高低，分析原因想办法

步骤四　实现蓝天梦想，朵朵红花表决心

记录植物园内空气污染物监测的数值，与右侧的参考标准对比，分析当前空气质量。

监测项目	当前数值	与标准对比（偏高/偏低）
二氧化硫（SO₂）	2.4	↓
二氧化氮（NO2）	16.0	↓
一氧化碳（CO）	0.574	↓
臭氧（O3）不好	78.4	↑
可吸入颗粒物PM10		
细颗粒物PM2.5	24.3	↓

记录人：李鑫
学校：二小
年级：高年级
记录时间：2014年6月3日11时46分

参考标准

《环境空气污染物基本项目浓度限值》

序号	污染物项目	平均时间	浓度限值	单位	浓度限值	单位
1	二氧化硫（SO₂）	24小时平均	150	μg/m³	52.5	ppb
2	二氧化氮（NO₂）	24小时平均	80		38.96	ppb
3	一氧化碳（CO）	24小时平均	4	mg/m³	3.2	ppm
4	臭氧（O₃）	日最大8小时平均	160	μg/m³	74.67	ppb
5	可吸入颗粒物PM10	24小时平均	150	μg/m³	150	μg/m³
6	细颗粒物PM2.5	24小时平均	75	μg/m³	75	μg/m³

摘自《中华人民共和国国家标准——环境空气质量标准》

我是环境监测员

一起回忆：

天气预报、空气质量播报都有哪些内容？

答：都有温度、湿度、降雨

认识监测设备：

右侧图片中的设备你能在生态站附近找到吗？找到后仔细观察，试着将设备名称和对应的图片连起来。

颗粒物采样装置（测定大气中的可吸入颗粒物）

温度湿度计（测定空气的温度湿度）

风速计、风向仪（测定风速风向）

空气污染物测量（测定CO、SO₂、NOx、O₃）

北京教学植物园

记录植物园内空气污染物监测的数值，与右侧的参考标准对比，分析当前空气质量。

监测项目	当前数值	与标准对比（偏高/偏低）
二氧化硫（SO₂）	0.9	偏低
二氧化氮（NO2）	15.0	偏低
一氧化碳（CO）	0.587	偏低
臭氧（O3）	89.3	偏高
可吸入颗粒物PM10		
细颗粒物PM2.5	22.8	偏低

记录人：孙语彤
学校：果壳小学
年级：五年级
记录时间：2014年6月1日12时43分

记录植物园内空气污染物监测的数值，与右侧的参考标准对比，分析当前空气质量。

监测项目	当前数值	与标准对比（偏高/偏低）
二氧化硫（SO₂）	1.5	↓
二氧化氮（NO2）	13.0	↓
一氧化碳（CO）	0.635	↓
臭氧（O3）	83.8	↑
可吸入颗粒物PM10		
细颗粒物PM2.5	24.3	↓

记录人：财钰
学校：十一
年级：四(4)
记录时间：2014年6月3日12时10分

学生填写的任务单样例

1 活动需求分析

在《九年制义务教育课程计划（试验稿）》中规定综合实践活动是从小学三年级开始的必修课程。其中，研究性学习是综合实践活动的内容之一，研究性学习强调学生通过实践增强探究和全新意识，学习科学研究的方法，从而培养学生形成积极、主动的自主合作探究的学习方式。

北京教学植物园有着长期开展校外教育的经验，园区环境以及开放实验室中的大量仪器完全满足中小学生进行研究性学习的软件和硬件条件需求。

生活饮用水水质的优劣与人类健康密切相关，饮用水水质的相关话题也广泛见于各种媒体和公众场合，日常生活饮用水的水质问题同样也是中小学生关注的问题。因此，有必要利用本园现有的条件，开展面向中小学生的水质检测方面的科学研究小活动。

2 活动三维目标

2.1 知识与技能目标

（1）通过现场水质检测的科学探究活动，理解水质、水样、水质检测、电导率、盐度、总溶解性固体、pH 值等的含义。

（2）学习使用仪器进行电导率、盐度、总溶解性固体、pH 值 4 个水质指标的测量。

（3）掌握如何分析这些水质指标的实验数据。

2.2 过程和方法目标

（1）对得到的实验数据进行分析，并能解释这些数据同水质之间的相关性。

（2）通过与国家饮用水标准进行对照，判断所测水样是否符合标准。

（3）完成整个活动后，掌握进行科学研究的一般方法和基本步骤。

2.3 情感态度和价值观目标

对比白开水、矿泉水、纯净水 3 种水样的总溶解性固体，引导学生树立健康饮水的观念。在动手活动中，培养学生的主动探究精神。

---

*注：此项目获得第31届北京青少年科技创新大赛"科技辅导员创新成果竞赛科技教育方案类"二等奖。

3　活动对象、人数及活动方式

（1）活动对象：中学生。

（2）活动人数：30 人。

（3）活动方式：按小组分批进行活动，每次活动人数 5 人，每组活动时间约 10 分钟。

4　活动内容

"饮用水水质检测"活动是关于饮用水水质检测方面的青少年科学探究活动。利用快速检测仪器——哈希电导仪、哈希 pH 计，检测 3 种饮用水的样品（白开水、纯净水和矿泉水）的几项水质指标（电导率、总溶解性固体、盐度、pH 值），然后根据现在的国家饮用水标准，判断这 3 种水是否符合国家的饮用水标准。通过活动，总结并提出进行科学研究的一般方法：提出问题，进行假设，设计并实施实验，得出结论。

5　活动重点、难点和创新点

5.1　活动重点

（1）分析得到的水质指标的实验数据，并得到自己的实验结果。

（2）体验完整的关于水质检测的科学探究活动，掌握进行科学探究的一般方法和基本步骤。

5.2　活动难点

理解水质、水样、水质检测、电导率、盐度、总溶解性固体、pH 值等的含义。

5.3　活动创新点

（1）内容创新。将只在实验室进行的科学探究实验搬到室外进行，且选择与学生日常生活中密切相关的饮用水作为活动主题。

（2）活动形式灵活多样。将自由参观的学生，按照自己的兴趣爱好，现场临时分组进行活动。

6　活动准备

6.1　场地准备

本活动在北京教学植物园的水榭进行，活动前准备 2 张桌子，并设计活动的指示牌。

6.2　准备需要的仪器设备及用具

（1）哈希 sension 1 便携式 pH 测量仪；哈希 sension 5 电导仪；蒸馏水；吸水纸；记录夹；铅笔。

（2）准备 3 种类型的水样，如白开水、自来水、纯净水等。

6.3 活动相关的文字材料准备

（1）设计活动展板及现场活动的活动单。

（2）制作活动展板，并准备一定数量的现场活动单。

7 活动过程和步骤

7.1 活动过程

7.1.1 利用探究话题，引入活动主题

利用设问"生活中会接触到许许多多的水，譬如喝的就有很多水，白开水、矿泉水、蒸馏水、纯净水等，加上各种各样牌子，真是太多了，为什么会出现这么许多的水呢？"引导学生思考，并进行解答：水一般是无色无味的液体，但实际上水中除水分子之外，还有一定量的其他物质存在。所含的物质种类及其数量的差异会造成不同水的性质的差异。进而引入：我们活动的主体就是检测不同种类的水。"饮用水水质检测"活动是关于水质的科学研究小活动。

7.1.2 3种水样的水质检测活动

（1）提供3种水样（不具体标明是哪种水），请学生从嗅觉、视觉上感觉它们的区别。

（2）告诉学生这3种水样有白开水、自来水、纯净水，请他们根据自己的观察，做出假设：这3种水样对应是哪种饮用水。

（3）指导学生使用哈希sension 1便携式pH测量仪和哈希sension 5电导仪，并请学生自己分别测量3种水样的一些水质指标，并记录在自己的活动单上。

（4）解释上述水质指标的含义及对水质的意义，并请学生说明某些数据的水质含义。

（5）请学生根据自己的假设，结合实验数据，做出自己的判断，并分析原因。

（6）请学生完成活动单。

7.1.3 总结并概括科学研究的一般方法和步骤

回顾水质检测的过程，并对这一过程进行总结，从而得到科学研究的一般方法和步骤：提出问题、构建假设、设计及完成试验、分析数据、得出结论，并启发学生如何应对一个科学研究。

7.2 进行健康饮水的一些讨论

提倡大家喝白开水，避免用饮料代替水，否则身体不解渴，而且不利于节能减排，"我们提倡低碳行动，希望大家喝白开水"。

8 可能出现的问题及解决预案

（1）因活动场地周围有着人工开凿的水道和小桥，开展活动必须防止学生拥挤、落水等，因此有必要进行预先的安全预备，具体如下：

①活动之前，检查水榭周围的道路、小桥等的安全；对不安全的因素马上补救，在容易落水地段设立警示标志。

②在活动当天，在水榭周围安排人员，具体分工如下：在左边木桥，即最靠近水榭的道路上安排 1 名工作人员，负责学生的疏导，并关注周围岸边学生的情况。在汀步附近，安排 1 人，负责学生安全通过汀步，并及时疏导学生。在水榭对面，安排 1 人，负责岸边的安全。

（2）现场不能同时开展所有学生的"水质检测"活动，采用分组进行，并对未进行活动的小组，提示他们参加别的科技活动。

9 预期目标与呈现方式

"水质检测"活动根据活动步骤，细化各阶段的目标如下：

（1）第一阶段：引入活动。

阶段目标：明确活动目的，并明确水质的含义。

（2）第二阶段：3 种水样的水质检测。

阶段目标：学会使用仪器进行电导率、盐度、总溶解性固体、pH 值 4 个水质指标的测量；初步理解水质、水样、水质检测、电导率、盐度、总溶解性固体、pH 值等的含义；掌握分析这些水质指标的实验数据并得到自己的试验结果；完成水质检测表。

（3）第三阶段：总结并讨论。

阶段目标：完成 3 个问题的讨论，进一步理解水质、水样、水质检测、电导率、盐度、总溶解性固体、pH 值等的含义，明确总溶解性固体与健康饮水的关系。

（4）第四阶段：科学研究的一般步骤和方法。

阶段目标：通过提问及讨论，明确进行科学研究的方法和步骤。

（5）第五阶段：健康饮水宣传。

阶段目标：宣传健康饮水，树立健康饮水的观念。

10 活动效果评测指标及评测

针对下列指标进行活动效果评测，评价表具体见表 1。

（1）活动成果：根据活动单的完成情况评测，好（≥90%），中（60%~89%），差（<60%）。

表 1 评价表

样本	活动单完成情况			操作仪器情况			理解实验数据			总评
	好	中	差	好	中	差	好	中	差	
1										
2										
3										

（2）操作仪器：根据操作仪器的情况进行评测。

（3）理解实验数据：根据理解一些水质指标的能力进行评测。

11　对青少年益智、养德等方面的作用

"饮用水水质检测"活动使青少年在短时间内体验了一个完整的科学研究活动，锻炼了他们的观察试验现象、记录试验数据、分析数据并做出判断的能力。学生都能做到积极参与、克服困难、坚持不懈地完成整个活动。在活动过程中，他们收获了自己的试验结果，同时也体会到了进行科研工作必须要认真、严谨和耐心。

植被降低噪声测量*

1 背景与目标

1.1 背景

噪声是一类引起人烦躁或音量过强而危害人体健康的声音。噪声污染主要来源于交通运输、车辆鸣笛、工业机械噪声、建筑施工、社会噪声等。

噪声给人带来生理上和心理上的危害，而且对儿童身心健康危害更大，因此，通过降噪实验验证植物具有降低噪声的功能，教育学生从小爱护、保护植物，让青少年健康成长。

"植被降低噪声测量"活动利用学校、社区、街道等不同场所组织学生使用分贝仪（噪音测定仪）实地测量，验证植物具有降低噪声的作用。

1.2 目标

（1）了解噪声污染的概念和来源；掌握不同环境区域环境噪声标准值。

（2）掌握分贝仪（噪声测定仪）的使用方法，并会利用分贝仪测量噪声。

（3）通过本次活动，培养学生爱护植物、保护我们赖以生存的环境。

2 方案涉及的对象和人数

（1）对象：适合三年级以上小学生、初中生。

（2）人数：人数较多时以小组活动为单位，至少 5 人一组。

3 方案的主体部分

3.1 活动内容

（1）基本知识介绍。

①噪声污染的基本概念。

②噪声的主要来源。

③五类城区的环境噪声标准。

---

*注：此项目获得第32届北京青少年科技创新大赛"科技辅导员创新成果竞赛科技教育方案类"三等奖。

④噪声污染对身心健康的危害。

（2）分组与布置任务。

（3）学生监测噪声。

3.2 重点和难点

（1）重点：基本概念、环境噪声的标准值。

（2）难点：分贝仪的使用及监测过程。

3.3 利用的各类科技教育资源

（1）场所：北京教学植物园、学校、社区、植被茂密的街道等。

（2）资料：学生利用网络资源搜集相关噪声污染环境资料。

（3）器材：测量噪声用分贝仪、录音机（或扩音器）。

3.4 活动过程和步骤

3.4.1 基本知识介绍

教师根据不同年龄阶段的学生，以讲述或启发引导学生对植被降噪声测量基本知识的理解。

（1）噪声污染的基本概念：《中华人民共和国环境噪声污染防治法》中把超过国家规定的环境噪声排放标准，并干扰他人正常生活、工作和学习的现象称为环境噪声污染。

（2）噪声的主要来源：交通运输噪声；工业机械噪声（这也是室内噪声污染的主要来源）；城市建筑噪声；社会生活和公共场所噪声；家用电器直接造成室内噪声污染。

（3）五类城区的环境噪声标准：

①疗养区、高级别墅区、高级宾馆区：昼间50分贝，夜间40分贝。

②以居住、文教机关为主的区域：昼间55分贝，夜间45分贝。

③居住、商业、工业混杂区：昼间60分贝，夜间50分贝。

④工业区：昼间65分贝，夜间55分贝。

⑤城市中的道路交通干线道路，内河航道，铁路主、次干线两侧区域：昼间70分贝，夜间55分贝（夜间指22：00到次日晨6：00）。

按照国家标准规定，住宅区的噪声，白天不能超过50分贝，夜间应低于45分贝，若超过这个标准，便会对人体产生危害。

（4）噪声污染对身心健康的危害：强的噪声可以引起耳部的不适，如耳鸣、耳痛、听力损伤；使工作效率降低；损害心血管；噪声还可以引起如神经系统功能紊乱、精神障碍、内分泌紊乱甚至事故率升高；干扰休息和睡眠；噪声对儿童身心健康危害更大；噪声对视力产生损害。

3.4.2 介绍分贝仪（噪声测量仪）和录音机（或扩音器）的使用方法

（1）打开分贝仪。

（2）检查分贝仪使用电量。

（3）校准分贝仪上显示的数据。

（4）检查完毕后，关掉分贝仪待用。

（5）打开录音机（或扩音器），检查录音机（或扩音器）音乐声音是否达到测量用的标准音量。

（6）检查无误后，关掉音量待用（图1）。

图1　介绍分贝仪和录音机的使用方法

3.4.3　分组与分工

（1）分组：根据学生的多少，将学生分为若干小组（最少5人一组）。

（2）分工：操作分贝仪一人，分贝仪数据测量一人，持录音机（或扩音器）一人（人为制造噪音者），测量指挥一人，数据记录员一人。

3.4.4　布置活动任务（活动方式及过程）

（1）测量人员面对面站在规定的测量区域内。

（2）操作员打开分贝仪，校准好分贝仪的数据。

（3）待双方准备好，指挥员给出测量指令后，同时启动分贝仪和录音机（或扩音器）开始测量。录音机（或扩音器）声音传到分贝仪时，分贝仪上的数字在不停变动，待分贝仪上的数字停止不变时，指挥员给出指令，关掉录音机（或扩音器），这时分贝仪上显示的数字即为所测定噪声的数值。

（4）数据记录员即刻把所测定的数据记录在表1中。

表1　不同条件下噪声的分贝值测量实验记录

观测地点	观测地点类型	测量值			平均值
		第一次	第二次	第三次	
一	裸露地（空旷区）				
二	草坪区				
三	灌木区				
四	乔灌草结合区				

观测人：　　　　　　　　　　　观测时间：

以上测定方式在不同的测试区域内，需要重复3次测试，保证数据的准确性。

4 可能出现的问题及解决预案

（1）我们利用录音机（或扩音器）人为制造一种噪声，可能出现数据不准确，通过植物的疏密程度，来证明植物具有降低噪声的功能即可。

（2）测量距离在7~10米以内；在测量中，持录音机（或分贝仪）的同学保持安静，保证数据的准确性。

（3）在测量的过程中，提醒学生不要被植物刮伤、绊倒摔伤，保证学生的安全。

（4）活动实施中，要考虑到天气的变化，如果遇到大风天气，测量的数据就会有偏差，影响数据的准确性；遇到雨天，测量就会无法进行。如遇到上述天气，应改日测量。

5 预期效果与呈现方式

通过"植被降低噪声测量"实验验证，让学生对"绿色植物特别是乔木和灌木，有着繁密的枝叶，吸收声音的能力比粗糙的墙壁更好。在有草坪与灌木和裸地的情况下做对比，草坪与灌木测验的分贝值比裸地测验的分贝值要低10~15分贝。所以，绿化既增加了城市的美观，又可减少噪声，让人们有一个舒适的环境。

（1）以测量噪声实验形式，让学生体验探究过程。

（2）认真完成测量噪声记录单内容。

（3）学生根据数据内容进行讨论。

6 效果评价标准与方式

根据五类城区的环境噪声标准与测量的数据对比，说明植物具有降低噪声的功能。

在学生经历了测试、数据分析、讨论等实践后，稍加引导，学生便可领会"植物具有降低噪声的作用，主要是因为投射到植物枝叶上的声波可被反射，植物对声能具有吸收作用。郁闭的树木和绿篱，可起到类似隔音板的作用，能有效地反射声波。投射到植物枝叶上的声波可被反射和折射，消耗掉一部分能量，从而降低了噪声"等降噪声原理。

以小组讨论的方式进行评价、总结。

7 对青少年益智、养德等方面的作用

学生通过体验更进一步了解植物与人类及环境的密切关系，突出学生探究实验过程，促进学生综合发展，加强学生之间的交流与沟通。培养学生之间的相互配合、团结协作的精神。

参考文献

杨铁东，王洪坡. 浅谈我国城市森林植物配置存在的问题与应遵循原则 [J]. 华东森林经理，2005，19（3）：67-70.

吴淑杰，韩喜林. 林冠降噪机理的探究 [J]. 中国林业，2003（13）：34-34.

郑思俊，夏檑，张庆费. 城市绿地群落降噪效应研究 [J]. 园林绿化，2006（4）：33-34.

"节水大师"仙人掌*

1 背景与目标

1.1 背景

"'节水大师'仙人掌"是走进多肉世界系列兴趣小组教学活动的一个章节，是全面了解仙人掌这种神奇植物的重要内容，通过系列前期对仙人掌的自然分布、形态结构、基本分类等内容的了解，建立起形态与环境的联结。

仙人掌的形态是对瘠薄干旱环境高度适应的极好表现，在原产地，雨水对于仙人掌是极其珍贵的，它们想尽一切办法最大限度地吸收、存储水分并减少损耗，以仙人掌入手讲解植物对环境的适应十分典型和生动，有助于学生迁移到植物与环境的关系、植物进化相关知识的理解。

通过了解仙人掌的节水方式，增强学生节水的意识，并引发节水方式的思考与应用。

1.2 目标

1.2.1 知识与技能

（1）理解仙人掌根、茎、叶如何节水。

（2）运用归纳总结和演绎推理的方法。

1.2.2 过程和方法

观察仙人掌类植物的形态特点，教师演示导入问题，学生实验观察得出根、茎、叶对节水的贡献，按小组分角色扮演，总结归纳小组的观点。

1.2.3 情感态度和价值观

感受植物对环境的适应，培养学生热爱植物、保护环境、节约用水的意识。

2 活动设计思路

通过教师演示、学生操作激发兴趣，导入仙人掌的形状可以为它们收集更多的水分，联结观察中仙人掌的棱、疣状突起、刺座等结构引发学生思考"仙人掌特殊的根、茎、叶形态是否也为它们收集水分、抵御干旱起到了重要作用"。将学生分三组分别进行实验，

---

*注：此项目获得第 36 届北京青少年科技创新大赛"科技辅导员创新成果竞赛科技教育方案类"三等奖。

观察仙人掌的叶（刺、刺座），仙人掌的茎，仙人掌的根在"淋雨"时是如何工作的，它们为仙人掌节水起到了哪些作用。

3 方案涉及的对象和人数

（1）对象：中学或小学生兴趣小组。

（2）人数：15 人。

4 方案的主体部分

4.1 活动内容与方法

内容 1：仙人掌的形状可以更有效地收集水分。

方法：教师演示，学生实验。

内容 2：根、茎、叶对水分吸收和保持的作用。

方法：学生分组进行实验观察，以演绎推理、归纳总结、设计实验等方法验证观点。

内容 3：节水方法的应用总结和讨论。

方法：学生讨论、总结，教师点评和归纳。

4.2 重点、难点和创新点

（1）重点：理解仙人掌形态对于吸水、保水的优势。

（2）难点：仙人掌形态特征与环境适应的联结。通过观察，运用科学方法（演绎、归纳、实验设计）说明验证观点。

（3）创新点：通过教师演示和学生小组观察讨论的方式，要求学生理解仙人掌形态与节水的关系，能够设计生活中的节水小方法。

4.3 利用的科技教育资源

北京教学植物园沙生温室。

4.4 活动过程和步骤

走进多肉世界——"节水大师"仙人掌以兴趣小组的形式开展，小组人数为 15 人，对仙人掌的结构特征有初步认识，对典型仙人掌类原生地环境有了较为一致的认同。

4.4.1 模拟实验导入（5 分钟）

将大小、冠幅基本一致的火鹤、仙人掌金琥分别置于小于冠幅的托盘中，分别从植物正上方喷淋等量清水，观察静置 2 分钟，发现水流的变化和容器中收集水量的差异。

实验发现火鹤的托盘外水量明显多于金琥，而金琥托盘外几乎无水，在金琥的刺座上滞留了很多水分，部分水分随着金琥的棱导流至根部，火鹤的水分被尾尖和光滑的叶面导出盆托外等，这些现象说明仙人掌能够更加有效地收集水分，其收集水量明显大于火鹤，可以得出仙人掌的球体形态可以更好地收集雨水。

4.4.2 分小组观察讨论（10 分钟）

将学生分为 3 个组，由各组学生重复以上实验，并仔细观察实验全过程。问题设置：

在仙人掌上还有刺座、棱等结构，它们为仙人掌吸收和保存水分起到了什么样的作用。3个小组分别重点观察仙人掌的根、茎、叶（主要指刺和刺座结构），各组举荐组长1人。

4.4.3 学生讨论（20分钟）

学生轮流操作上一步骤，组员轮流充当操作员、观察记录员、分析汇报员的角色，并针对各自观察发言和讨论，最后由小组组长归纳本组讨论结果。

4.4.4 教师总结（10分钟）

教师根据学生讨论结果进行总结，要点包括：

形态	作用

根 ┤ 须根—浅层、分布广 ⟶ 更广吸收表层水
　　└ 肉质根 ⟶ 储存水分

茎 ┤ 肉质化—球、柱 ⟶ 储存水分
　　└ 具棱—疣状突起、纵沟 ⟶ 导流水分，增大"容积"

刺：针刺 ⟶ 减少蒸腾

刺座—毡毛 ⟶ 吸收海风中的水分

4.4.5 小组课后任务

请小组结合仙人掌形态与节水方式设计生活节水小窍门。

5 可能出现的问题及解决预案

在小组活动的实施过程中可能遇到以下问题：

（1）仙人掌观察中的安全问题，大部分仙人掌刺硬，可能造成伤害。温室要设置距离隔离，实验选择小型植株，对参加活动的学生控制年龄。

（2）在动手环节中学生出现浇水方式不当影响对比效果。针对此情况教师首先要反复预试验，找出可能存在的干扰点并提醒学生注意。

（3）小组讨论不积极，参与度不高。请学生推荐小组长，要求学生轮流操作实验一次，其他成员分别充当观察员、记录员、分析员和报告员的角色。

6 预期效果与呈现方式

通过活动能够激发学生进一步探究仙人掌的兴趣，认识仙人掌的根、茎、刺及刺座对其在干旱环境中存储水分的重要作用，对仙人掌形态与节水关系有深刻的了解，并且能够对生活中节水方法有所启发，同时要理解仙人掌的储水和节水功能是其适应干旱瘠薄环境的进化结果。学生要在下一期课堂分享和交流生活中的节水小窍门，或者提交仿生节水小发明。

7 效果评价标准与方式

效果评价按照本期评价和下期评价进行。

（1）学生小组总结发言，小组间互评补充。

（2）教师对各小组发言进行综合评定，要求要点全面、思路开阔、有新意。

（3）学生展示或演示生活中的节水小窍门，学生互评其新颖性和实用性。

8　对青少年益智、养德等方面的作用

走进多肉世界——"节水大师"仙人掌，是依托北京教学植物园的资源优势，结合学生的兴趣点，开展实施的探究讨论课。课堂以学生动眼、动手、发现、总结、引申为线，使学生实现"做"中获得学习和观察的方法，培养孩子分析问题、归纳总结问题的能力，要求学生感受知识的联结和迁移。学生通过课程能够理解仙人掌形态与干旱之间的关系，能够分析和理解仙人掌节水的形态特征。

在课堂中以小组合作和讨论的形式开展，培养了孩子们互相合作的团队精神；组员交流，互点评，使学生懂得倾听和虚心求教；通过仙人掌的节水探究活动，提高学生对节水问题的关注，开放问题的设置使学生懂得节水要从身边的小事做起。

"可怕的天气"植物园气候变化教育第一课*

1 背景与目标

1.1 背景

1.1.1 社会背景之一——全球气候变暖

自 20 世纪 70 年代以来,越来越多的科学家开始关注全球气候变暖的趋势及其人为影响因素。1988 年 11 月,世界气象组织和联合国环境规划署联合成立了政府间气候变化专业委员会(IPCC),该机构先后组织了世界范围内的数千名专家,完成了多次气候变化评估报告,其中最近一次评估报告在 2014 年完成。该报告认为全球气候系统的变暖趋势是毋庸置疑的,这可以从全球平均气温和海温升高、大范围积雪和冰川融化、全球平均海平面上升的观测数据中看出。气候变化是人类面临的真实的挑战,"狼真的来了"。工业化以来人类燃烧化石燃料大量排放二氧化碳等温室气体是造成这一显著变暖趋势的主要原因。

另据 CDIAC(美国二氧化碳信息分析中心)数据显示,中国二氧化碳排放量目前居于世界首位,约占世界排放总量的 30%。"中国不作为,世界没希望",中国对于气候变化的态度和努力在很大程度上决定着全球气候变化行动的进程。

我国在 2007 年成立了国家应对气候变化及节能减排工作领导小组,并制定了《中国应对气候变化国家方案》。自 2008 年始,中国政府连续发布《中国应对气候变化的政策与行动》国家报告。

2015 年 11 月 30 日,巴黎气候变化大会开幕。习近平主席出席大会开幕式,这是中国国家元首第一次出席《联合国气候变化框架公约》缔约方会议。中国这一举动也向国际社会展示了我国环境保护的理念和积极应对气候变化的决心,树立了中国建设性的、负责任的大国形象,为全球气候变化的关注者和践行者注入一剂"强心剂"。

1.1.2 社会背景之二——公众认知薄弱

尽管气候变化这个话题在科学界和政府间已获得广泛共识,但由于气候变化的尺度较大,普通公众对于气候变化带来的威胁感知度很低,这就好比温水煮青蛙,很多人感受不到气候变化的威胁。而且气候变化在不同地区间具有差异性,有人说变,有人说不变,这都导致人们对气候变化的感知比较弱。

---

*注:此项目获得第 37 届北京青少年科技创新大赛"科技辅导员创新成果竞赛科技教育方案类"一等奖。

提高公众尤其是青少年学生对于气候变化问题的认知和参与，至少具有以下三个方面的重要意义：一是气候变化最终与每个人的利益直接相关，每个人都有权获得更加充分、准确的信息；二是公众对气候变化的认知和评价，从另外的层面呈现出气候变化的"客观性"，即其在多大程度上是一种"社会事实"，是一个急需解决的社会问题；三是公众对于气候变化的必要认知和积极应对，不仅有助于直接促进问题的解决，而且为解决问题的各项制度与政策的落实提供了良好的社会基础。

1.1.3 资源背景——巧用资源，独创特色

气候变化问题不是单独发生作用的，它与能源、发展、生态系统、消费方式等问题紧密相关，对学生进行气候变化教育，可以提高他们对未来生活的应对能力及可持续发展的意识。因此，开展气候变化及教育不仅需要正规的课堂教学，还需要在社会大背景下进行的教育活动，如在植物园、动物园、自然保护区、博物馆、自然教育中心开展的参观学习活动。在全球气候变化的大环境下，植物园作为重要的环境教育基地，应该在减少气候变化的工作中发挥更多的作用。Daniela Sellmanna 和 Franz X. Bognera（2013）通过对超过 10 个年级的学生进行定量研究发现，在植物园进行气候变化教育具有很强的有效性，学生的气候变化知识、态度都获得了显著的提升，对待气候变化的看法朝着更加科学的方向发展，因此植物园可作为学校正规教育的有益补充。

同国外植物园在气候变化教育领域竞相探索的画面不同，该话题在国内尚属于新兴事物，人们尚不熟悉，国内植物园在该领域的实践一直未有进展，中国知网搜索"气候变化教育"＋"植物园"的结果为"0"，空白状态亟待填补。

北京教学植物园隶属于北京市教育委员会，主要面向中小学生开展教育教学活动。全园占地面积 175 亩，共分为树木分类区、百草园等七大园区，栽种植物 1800 多种，植物资源十分丰富。北京教学植物园还拥有人工气象站和自动气象站各一个，可给学生进行科学研究提供风向、风速、温度、湿度、降水量、蒸发量、辐射量、日照等气象数据。

作为北京市二环以内不可多得的一片净土，北京教学植物园以其出色的地理位置、丰富的植物资源、充足的教师储备，成为探索和开展植物园气候变化教育理想场所。

1.2 目标

1.2.1 知识与技能

（1）能正确读出干球气温计、最高温度计和最低温度计的读数。

（2）能说出平均气温的计算方式和代表的意义。

（3）能根据已有气温数据准确绘制出图谱。

（4）能根据气候变化带来的影响规律，初步预测北极狐、赤狐、红腹滨鹬的变化趋势。

1.2.2 过程与方法

（1）通过体会气候科学家的工作内容，感受科学研究的严谨、规范和一丝不苟，体验科学家们小心求证、大胆推测的过程。

（2）在小组活动中，能积极地参与讨论，明确地表达自己的观点，发现并肯定他人意见的闪光点，然后形成小组意见。

1.2.3 情感态度与价值观

（1）接受北京地区气候正在快速变暖的事实。

（2）认识到气候变化带来的巨大影响，并产生减弱影响、保护生态圈的愿望。

（3）赞同每一种生物在地球上的存在都有其独特的价值和意义，并为它们的消失感到可惜。

2 活动设计思路

活动设计思路见图1。

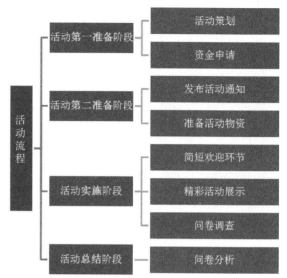

图1 活动设计思路

3 方案涉及的对象和人数

（1）对象：五至六年级学生。

（2）人数：每批次30人。

4 方案的主体部分

4.1 活动内容

此项活动不受季节条件限制，全年均可在植物园内实施，可操作性强，具有较高的稳定性。活动环节内容见表1。

表1 活动环节具体内容

活动环节	内容简介
（1）学习测气温	目的：学习科学家测量气温的方法，了解其工作原理并体验过程
	方式：前往人工气象站，在百叶箱前读取气温计数据并记录
（2）亲手绘图谱	目的：发现北京的气候真的变暖了
	方式：学生亲手绘制北京近50年的气温变化图谱，总结变化规律
（3）我是预言家	目的：了解气候变化给自然界和生态圈带来的巨大影响
	方式：根据气候变化的规律，预测北极狐、红腹滨鹬等生物的变化趋势
（4）应该保护谁	目的：重新认识濒危植物的价值，体会气候变化对植物多样性的危害
	方式：学生模拟基金会制定保护项目的过程，在对濒危植物进行认真考察后，通过集体讨论，确定保护意向

4.2 重点、难点和创新点

4.2.1 重点

（1）绘制北京近 50 年的气温变化图谱，总结变化趋势、分析背后的原因。

（2）预测北极狐、红腹滨鹬等生物在全球变暖大背景下的变化趋势。

（3）对濒危植物进行认真考察，确定保护的对象。

4.2.2 难点

预测北极狐、红腹滨鹬等生物在全球变暖大背景下的变化趋势。

4.2.3 创新点

（1）从身边案例入手，唤起学生对气候变暖最真切的感受。气候变化具有尺度大、区域差异强等特点，使得公众对气候变化感知较弱。再加上新闻媒体、报刊、书本等媒介在宣传过程中报道的片面性，导致很多人认为气候变化的发生地区在遥远的北极，离我们的生活很遥远。在这个方案中，教师将北京近 50 年的气温数据展现给学生，请他们自己动手绘制趋势图，气候变暖的事实不言自明。另一个例子是教师搜集的近 30 年北京植物园桃花节开幕日期的数据，是北京气候变暖的又一力证。

（2）引用顶级刊物最新科研成果，让学生感受气候变化研究前沿动态。气候变化研究是目前的国际研究热点，聚集了众多优秀的科研人员，科研成果丰硕。此方案选取部分有代表性的研究成果，如以《Science》《Nature》上刊登的最新文章作为教学资料，让学生感受到气候变化研究的前沿动态，了解最新进展，展示其科学性，帮助学生建立正确的判断。

（3）通过角色扮演方式，重新认识濒危植物的价值。气候变暖会加速生物濒危的速度，将大量动植物推到灭绝的边缘，学生在"应该保护谁?"环节要模拟基金会制定保护项目的过程，在对濒危植物进行认真考察后，通过集体讨论，确定保护对象。在讨论、分析、决定的过程中，不同观点会发生激烈碰撞，不同观点的人会互相说服，参与者在不知不觉中体会到，原来每一种生物在地球上都有特殊的价值，他们会为任何一种生物的失去感到痛心和不舍。

4.3 利用的各类科技教育资源

利用的各类科技教育资源见表 2。

表 2 利用的科技教育资源

科技教育资源	具体内容
场地资源	北京教学植物园气象站、温室
材料资源	温度计、气温记录表、北京近 50 年气温表、北京桃花节开幕日期表、预测图片卡、植物名牌卡、体视显微镜、葫芦藓、文心兰、露兜树、雪莲、玻璃杯、濒危植物保护议定书
人力资源	工作人员 2 人，负责各环节的准备和教学

4.4 活动过程和步骤

4.4.1 学习测气温

4.4.1.1 导入环节（2分钟）

气候变化是目前全球关注的话题之一，但是关于气候变化的信息却有些混杂：有的人说变，有的人说不变，有的人说变得更冷，有的说科学家有政治阴谋。那么气候究竟变化了吗？学生需要回归事物的本源，从测量温度开始体验。

4.4.1.2 测量气温（30分钟）

（1）认识气温计。人工气象站的气温计属于专业气象设备，敏感易碎，且刻度细密，读数相对困难，为保证学生和设备安全，所以在正式测量气温之前需要向学生简要介绍气温计的读数方法，为后面正式测量气温做好铺垫。教师提前拍摄干球温度计、最高温度计、最低温度计的教学图片，然后展示给学生，请学生根据画面上的内容进行试读数，报告完毕后，教师进行点评和答疑，让学生明白正确读数的方法（表3）。

表3　认识气温计

图　片	说　明
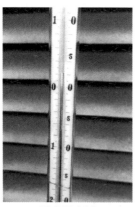 温度计套装	①此套温度计由3支组成，其中干球温度计测量的是当前实时温度，最高温度计测量的是一段时间内的最高温度，最低温度计测量的是一段时间内的最低温度。 ②这3支温度计均放置在百叶箱内，活动前一天需要对最高温度计和最低温度计进行归零处理
干球温度计	该温度计垂直放置，0刻度点之上为正温度，0刻度点之下为负温度，每一个大刻度为1℃，每一个小刻度为0.2℃。图示温度为2.2℃

（续）

图 片	说 明
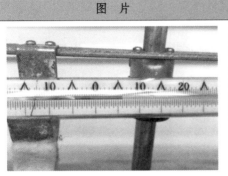 最高温度计	该温度计水平放置，右侧稍高一些，0 刻度点左侧为负温度，0 刻度点右侧为正温度，每一个大刻度为 5℃，每一个小刻度为 0.5℃。图示温度为 6.0℃
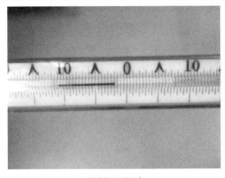 最低温度计	该温度计水平放置，0 刻度点左侧为负温度，0 刻度点右侧为正温度，蓝色游标的右端指示的温度为正确读数

（2）观察百叶箱。学生学习完毕之后，前往人工气象站以小组为单位进行实地测量。测量前认真观察百叶箱，思考表 4 内的几个问题。

表 4　百叶箱设计中的奥秘

图 片	问题和答案
百叶箱	A. 百叶箱的颜色为什么是白色？ 答案：白色可以将投射在百叶箱上的阳光基本上都反射掉，减小误差
	B. 百叶箱的高度为什么是 1.5 米？ 答案：因为在这个高度上空气变化比较稳定，并且这个高度通常又是人类活动的高度，更具实用价值
	C. 百叶箱的开门为什么要朝北？ 答案：为了防止太阳光直接照射到百叶箱里面
	D. 百叶箱的叶片方向有什么特点？为什么？ 答案：外层百叶条向内倾斜，内层百叶条向外倾斜，百叶条与水平的夹角 45°。这样可以防止雨水流入百叶箱内

注：所有的设计，目的只有一个——获得精准数据！

（3）测量温度。学生分组测量气温，并将气温值填入气温表中。测量指标有 3 个，分别为：干球温度计气温、最高温度计气温和最低温度计气温。每个测量指标读数 3 次，取平均值。

（4）分析数据。学生测量气温后，以组为单位分别汇报其结果，然后根据其测量结果，教师引导学生进行探讨。

情况一：各组测量结果一致，无疑义。

情况二：测量结果不一致，需分析原因，如是否因为读数时角度不正导致数据差异？是否触摸了温度计水银泡导致数据升高？

通过以上几个环节，不仅学生的观察能力、思维能力以及数学运算能力得到了锻炼，更重要的是在气温测量的过程中体会科学家们对精准数据的追求，科学家们在研究中秉承的严谨、精确的科学态度也通过百叶窗的设计得到了呈现。由于对测量过程有了真切的体验，了解了其精确性之后，学生对于后面即将展示的北京气温数据更加信任。

在分析数据环节，学生会发现在科学研究中收集的数据并不是完全一致的，会有波动和差异，面对波动和差异不能采取视而不见的态度，而是要用客观的态度去分析原因，找到问题所在。此环节虽小，但却是渗透"理性"精神的好机会。

4.4.2　亲手绘图谱（30 分钟）

4.4.2.1　绘图谱

此环节以小组为单位进行，每个小组都会获得一份北京近 50 年的气温数据（表 5），学生要将这些数据在彩纸上绘制成图谱，然后对比发现其变化规律，通过自己的思考总结归纳出气温变化的趋势（图 2）。

因数据较多，每组学生分别绘制 10~15 年数据即可，绘制完成后将彩纸贴在白板上，所有小组的图谱拼在一起就是一幅完整的图谱，所以每个小组既是一个整体，又同时是一个整体的一部分。

表 5　北京 1951—2008 年气温变化数据

年份	气温（℃）	年份	气温（℃）
1951	11.6	1960	12.0
1952	11.0	1961	12.4
1953	11.3	1962	12.1
1954	11.0	1963	12.2
1955	11.8	1964	11.3
1956	10.4	1965	12.0
1957	10.8	1966	11.4
1958	12.0	1967	11.5
1959	12.0	1968	11.8

（续）

年份	气温（℃）	年份	气温（℃）
1969	10.7	1989	12.5
1970	11.0	1990	11.8
1971	11.4	1991	11.6
1972	11.5	1992	11.8
1973	11.5	1993	12.1
1974	11.3	1994	13.0
1975	12.4	1995	12.5
1976	11.1	1996	11.7
1977	12.0	1997	13.0
1978	11.8	1998	13.1
1979	11.2	1999	13.1
1980	11.2	2000	12.7
1981	11.6	2001	13.1
1982	12.2	2002	13.1
1983	12.3	2003	12.9
1984	11.2	2004	13.4
1985	11.1	2005	13.2
1986	11.5	2006	13.4
1987	11.6	2007	13.8
1988	11.8	2008	13.3

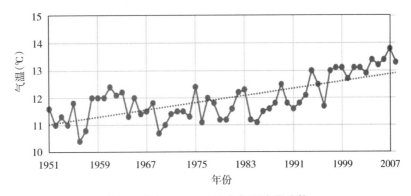

图2　北京1951—2008年气温变化趋势

通过观察气温图谱，可以看出北京地区平均气温明显升高，气候变暖的事实不言自明。

4.4.2.2　齐分析

仔细分析温度数据可发现，1951—2008年北京气温在波动中逐渐升高，尤其是到了20世纪90年代之后，增长幅度尤为明显，这是为什么呢？可以引导学生思考气温变化和经济发展、工业生产之间的关系。

学生通过绘图环节，作图能力得到了锻炼，在小组合作的过程中，分工合作的意识得到强化，在归纳、总结变化趋势并分析原因的过程中，逻辑思维能力也得到了提高。最重要的是，学生得出北京气候变暖的结论是通过亲自动手绘图、分析所得，其教学效果要比从别人那里听到或从书本上看到要强烈很多，对"气候变化就在身边发生"的认同感也更强。

4.4.3　我是预言家（30分钟）

全球气候变化的影响是多尺度、多方位、多层次的，会给自然系统和人类社会带来巨大的负面影响。除公众比较熟悉的"海平面升高""冰川融化""湖泊水位下降""湖泊面积萎缩"外，还有"物种灭绝""动植物分布区变化"等众多影响，随着气候变化的频率和幅度的加大，自然生态系统在有限的适应能力下必然会遭到更加严重甚至是不可挽回的破坏。让学生了解气候变化带来的巨大影响非常重要，此环节正是基于这一目的设计的。

4.4.3.1　案例展示

教师向学生展示"珊瑚白化""花期提前"2个案例，分析生态系统之间微妙的、千丝万缕的联系。学生通过此环节，既了解了案例中的基本内容，又能模仿教师分析的基本方法，为后面做预言打下基础。

案例一：珊瑚白化（图3）

珊瑚本身是并不是彩色的，而是白色的，它的美丽颜色来自于体内的共生海藻——虫黄藻，这种海藻通过光合作用向珊瑚提供能量，如果共生海藻离开或死亡，珊瑚就会失去颜色变白，最终因失去营养供应而死。由于海洋温度不断升高，致使珊瑚所依赖的海藻减少，当海面温度升高到比正常夏天最高温度高1~2℃（持续时间超过3~5周）时，珊瑚白化就会发生。30年前，大

图3　珊瑚白化

规模的珊瑚白化现象比较罕见，但近年来却越来越多地出现。澳大利亚科学家表示，澳洲大堡礁北部和中部的珊瑚至少有35%已被白化现象摧毁。此案例来自2016年4月13日权威期刊《Nature》。

案例二：花期提前

北京植物园位于北京西山卧佛寺，是由树木园、专类园、温室以及名胜古迹等组成的以植物观赏为主要特色的大型园区。自1989年起，北京植物园开始举办一年一届的桃花节，到2016年已举办28届。桃花节平均每届接待游客30多万人次，高峰年可达80万人次，在植物园全年接待游客数中占据重要的地位。

北京植物园桃花节是极具代表性的赏花专题时令旅游产品，桃花节开始日期的确定，主要是以物候现象为基础的。植物园有专职记录物候的工作人员，在早春季节密切关注山桃开花的日期（山桃开花最早），然后再根据山桃花的日期推算桃花节开幕日期（表6）。历史记录显示，桃花节开始的平均日期比山桃始花的平均日期晚18天。因此，桃花节开始日期的变化在总体上响应了在气候变暖背景下春季物候期的提前趋势。

表6　桃花节开幕日期

序　号	年　份	日　期
1	1989	4 月 15 日
2	1990	4 月 7 日
3	1991	4 月 15 日
4	1992	4 月 10 日
5	1993	4 月 10 日
6	1994	4 月 2 日
7	1995	4 月 2 日
8	1996	4 月 3 日
9	1997	4 月 12 日
10	1998	4 月 11 日
11	1999	4 月 2 日
12	2000	4 月 8 日
13	2001	4 月 7 日
14	2002	4 月 6 日
15	2003	4 月 5 日
16	2004	4 月 8 日
17	2005	4 月 1 日
18	2006	3 月 25 日
19	2007	3 月 20 日
20	2008	3 月 22 日
21	2009	3 月 21 日
22	2010	3 月 20 日
23	2011	3 月 22 日
24	2012	3 月 24 日
25	2013	3 月 23 日
26	2014	3 月 22 日
27	2015	3 月 21 日
28	2016	3 月 23 日

注：该数据由北京植物园内部工作人员提供。

由表6可见，30年间，北京植物园桃花节开幕式日期已经由20世纪80年代末、90年代初的4月中旬，提前至3月下旬，提前幅度近20天。由此可见，气候变暖会使植物春季来早，花期提前。

4.4.3.2 大胆预言

展示完以上两个案例，请学生以小组为单位预测案例三（北极狐、赤狐的分布区变化）和案例四（红腹滨鹬体型及嘴头比例的变化）。学生将预测的答案写在题板上，15分钟后选一个代表讲述自己小组的结论并分析原因。

案例三：北极狐（图4）和赤狐（图5）的分布区会发生什么变化？

图 4　北极狐

图 5　赤狐

答案：两种动物分布区均北移，总分布区北极狐减小，赤狐扩大。

北极狐毛色较浅，在雪地景观中竞争力较强，随着气候的变暖，被雪覆盖的地区减少，导致北极狐丧失了以毛皮颜色来躲避捕食者的优势。在这些地区，毛色较深的红狐更具竞争力，使得北极狐被驱除出去，虽然北极狐分布区向北迁移的根本原因是气候的变化，但是直接原因则是与红狐发生的竞争。此案例来自《Climate Change Biology》（气候变化生物学）

案例四：红腹滨鹬（图6）的体型和嘴的比例有什么变化趋势？

图 6　红腹滨鹬

答案：红腹滨鹬的体型会变小，嘴头的比例会变大。

红腹滨鹬是一种迁徙的鸟，随着气温的升高，红腹滨鹬在俄罗斯繁殖地的雪提前融化了，30 年间共提前了 2 周。雪提前融化会导致昆虫数量的高峰期提前，红腹滨鹬的繁殖时间也提前了，但是赶不上昆虫变化的速度。于是红腹滨鹬的雏鸟出生之后正好错过了昆虫生长的高峰期，食物量不足，因而体型较小。红腹滨鹬的雏鸟飞到非洲过冬地之后，主要食物是深埋在泥滩里的贝壳，这对嘴的长度要求较高，嘴短的类群逐渐被淘汰，嘴比例较长的个体获得生存机会。此案例来自 2016 年 5 月 13 日权威期刊《Science》杂志。

该环节提供的案例均来自各权威期刊、书籍上刊登的最新的研究成果，对于学生来说都是耳目一新的案例，有一定的难度。个人的智慧是有限的，所以他们需要通过小组讨论才能得出结论，所以该环节既可以培养学生的思维能力，又能锻炼他们合作学习的能力，在展示部分还需要阐明小组的结果并分析原因，汇报人的语言表达能力、综合归纳能力也得到了锻炼。

4.4.4 应该保护谁（40 分钟）

气候变暖使得很多植物变成了濒危植物，人类也在想各种办法来保护它们，该环节让学生模拟自然保护基金会的工作人员，先对濒危植物进行考察，然后决定要投钱保护的对象。

依据文献资料，选择雪莲、文心兰、露兜树和苔藓这几种植物作为考察对象，这 4 种植物除中草药雪莲需要购买外，其他 3 种植物园温室都有栽种，可近距离观察。为了让学生更好地了解它们，一是给每种植物制作解说牌；二是安排志愿者以"拉票"的方式为 4 种植物进行拉票宣传；三是设置小实验，并准备放大镜、体视镜等，方便学生近距离观察这几种植物。

4.4.4.1 雪莲（图 7）

分布于高海拔，一年只有 2 个月的生长季，很不容易，它构造神奇，为了抵御寒冷，花朵在生长期都是被包裹在黄绿色的苞片里，开花时再打开。它是著名药材，是武侠小说里的疗伤圣品。喜爱高冷环境，因气温变暖而濒危。

图 7 雪莲

4.4.4.2 文心兰（图 8）

颜值超高，又称舞女兰，是著名的观赏花卉，犹如少女翩翩起舞。深受人们喜爱，有巨大的经济价值；同时还是伪装大师，模仿金虎尾的花，金虎尾为传粉者提供油脂，但文心兰什么都不提供，就让传粉者稀里糊涂地为它们授了粉，是进化中的最奇特的现象。气温升高 2℃ 时，其繁殖能力就会受到重创，因而濒危。

图 8 文心兰

4.4.4.3 露兜树

露兜树具有"胎生"现象，种子落地前就在树上萌发长根，掉落后直接成长（图9）。此外，它还具有形态奇特的支柱根。它生长在海边，为很多小鱼、小虾提供栖息的环境。如果受到了损害，小鱼小虾就没有家了。露兜树因为海平面上升而失去生存的机会。

图 9　露兜树

4.4.4.4 苔藓

表皮细胞层很薄（如图10所示，现场摆放体视镜，可放大观察苔藓植物），非常敏感，非常脆弱，受环境增温影响而濒危。苔藓具有涵养水源，防止水土流失（现场做苔藓保持水土的实验）的功能。

图 10　苔藓

拉票结束之后，学生有20分钟自由考察时间，考察完毕之后，再进行小组讨论，最后进行现场投票。在讨论的过程中，难免会遇到意见不一致的时候，不同的观点会碰撞，学生之间会互相说服，在互相阐明观点、说服对方的过程中，他们会发现原来每一种植物都有其独特的作用，都是生态系统中不可缺少的一部分，此环节的教育目的也就达到了。

"应该保护谁?"环节可以培养学生的观察能力、动手操作能力、自主学习的能力、语言表达能力、分析问题的能力、沟通协调能力和决策能力。

5　可能出现的问题及解决预案

5.1　阴雨天气

此活动部分环节为户外活动，易受天气因素影响。若遇大到暴雨、大风等极端天气，活动改日举办。如果天气为小到中雨，活动照常举办，但需调整活动内容和场地（表7）。

表 7　活动内容和场地的调整

活动环节	调　整
学习测气温	将气温计转移至温室准备厅
亲手绘图谱	地点不变，为学生准备出入用的雨具
我是预言家	地点不变，为学生准备出入用的雨具
应该保护谁	地点不变，为学生准备出入用的雨具

5.2 学生安全

（1）温度计为易碎玻璃器皿，活动前需要告知和提醒学生，注意安全，保持良好秩序，切勿推操、拥挤，活动中教师密切关注测量环节，防止意外发生，并准备创可贴等物品以备万一。

（2）活动前对园区各活动地点和各活动用具进行检查，排除安全隐患。

6 预期效果与呈现方式

6.1 预期效果

（1）"学习测气温"环节，学生一开始会觉得气温计上细密的读数有些复杂，产生"懵"的状态，此处需要给学生多预留一些时间，让他们逐步掌握技巧。

（2）"亲手绘图谱"环节是一个动手环节，学生参与起来会非常积极，氛围也比较轻松，各小组将自己的图谱贴在白板上，贴的时候可能会犯错误，坐标轴容易不对齐，需要及时指出。另外，需要引导学生总结，气温数据是有波动的，并不是一直均匀升高的，而且升高的年代也有差异性。

（3）"我是预言家"环节引用了大量前沿研究成果，都是学生第一次接触，因此需要在铺垫环节进行细致的解释，另外准备清晰的塑封图片帮助学生做判断。教师可在学生讨论环节认真倾听学生的讨论内容，进行必要的指导，既不能直接点出结论，又要给学生提供一些思考的线索。

（4）在"应该保护谁?"环节，学生积极性会很高，讨论会非常热烈。但容易在最后的投票环节出现僵持不下，谁都不愿意让步，无法形成小组意见的情况。需要教师留意，进行必要的指导。

6.2 呈现方式

（1）活动中学生能积极参与设计的各项活动，同老师之间具有良好的互动。

（2）活动中完成的活动单和记录单。

（3）积极热烈的讨论和展示。

7 效果评价标准与方式

活动具体评价标准和方式见表8。

表8 活动具体评价标准和方式

活动过程	评价内容	评价标准	评价方式
准备阶段	教学物资	物资及时到位	语言定性描述
	教学场地	场地可用，无安全隐患	语言定性描述
	工作人员	人员专业，建立团队	语言定性描述
	参与学生	确定学生来源和人数	语言定性描述

（续）

活动过程	评价内容	评价标准	评价方式
实施阶段	学习测气温	能正确读出温度计的读数	教师观察，气温记录单
	亲手绘图谱	能将 10~15 个数据正确绘制在彩纸上	图谱彩纸，教师观察
	我是预言家	能积极思考，阐述并分析至少 1 个案例的原因	活动单，教师观察
	应该保护谁	能认真参与，勇于表达观点，形成小组的意见	教师观察
总结阶段	总结材料完成情况	完成、详尽	整体评价和个体评价相结合

8 对青少年益智、养德等方面的作用

此活动的设计旨在改善学生对气候变化的认知，让他们体会到气候变化并不是一句空谈，而是实实在在就发生在我们身边——"狼真的来了"。通过一系列环节设计，让学生体会气候变化给自然系统带来的巨大影响，身为生态链中的一环，人类也难独善其身，产生危机感。

此活动的设计紧扣"科学性"这一原则，选取的素材都是顶级刊物或经典文献中的科研成果，内容真实可靠，在各环节中，特别注重"科学精神"和"科学方法"的引导，如测量时要务必精确、减少误差，分析数据时要理性、客观，正视差异的存在。并设计大量需要逻辑思维、归纳分析的环节，有精度亦有深度。在活动的过程中，学生的视觉观察、手眼协调、分析归纳、概括抽象、语言表达、想象能力等多方面的能力都将得到锻炼和加强。

气候变化问题是一个全球性问题，中国作为一个负责任的大国，应该在气候变化问题上为其他国家树立楷模作用，"中国不作为，世界没希望"。此活动也在特意培养中国的青少年勇于担当的意识，只有主动参与气候变化的讨论，在今后的全球气候变化问题上，中国才有更多的话语权，在国际气候谈判和舆论中才能占据主动。

参考文献

洪大用，范叶超. 公众对气候变化认知和行为表现的国际比较 [J]. 社会学评论，2013 （4）：3-15.

李莎，联合国教科文组织气候变化教育项目述评 [J]. 世界教育信息，2015 （16）：17-21.

IPCC 第四次全球气候评估报告. 参见 http：//www. ipcc. ch/pdf/assessment-report/ar4/syr/ar4_ syr_ cn. pdf.

Daniela Sellmanna，Franz X Bognera. Climate change education：quantitatively assessing the impact of a botanical garden as an informal learning environment [J]. Environmental Education Research，2013 （19）：415-429.

生态系统小比较 保护地球大家园*

1 背景与目标

1.1 背景

地球是人类共有的家园，在我们生活的这个星球上拥有着丰富的生态系统。生态系统指由生物群落与无机环境构成的统一整体，如城市生态系统、荒漠生态系统和海洋生态系统等。每种生态系统都是地球在漫长的发展进化过程中形成的，是人类赖以生存的基础，人类仅仅是以城市和农田为主的人工生态系统的一部分。而就是我们人类活动的不断加剧，使得生态系统受到的威胁日益严重，这必将会引起人类生存与发展的危机，但是还有很多人没有真正意识到危机的降临。

加强生态环境教育，已成为当今我国素质教育的重要一环。作为世界未来的主人，增强青少年保护生态系统的意识，将直接关系到人类和生物多样性的可持续发展，因此对青少年开展认识和保护生态系统的教育具有重要意义。

1.2 目标

1.2.1 知识目标

（1）认识各种类型的生态系统，学习自然生态系统和人工生态系统的知识。

（2）学习水和土壤的理化性质，能够说出其各种常用理化参数代表的涵义。

（3）学会规范地采集水样品和土壤样品的方法。

（4）了解便携式水质分析电导仪的工作原理并掌握电导仪的使用方法。

1.2.2 能力目标

（1）通过参加本次环保交流营活动，使学生了解和学习到开展自然科学研究的具体方法，初步培养认真严谨的科学作风。

（2）各小组成员分工合作完成任务，锻炼了学生的表达、沟通和合作能力，提高了团队协作意识以及互帮互助精神。

（3）活动过程能促使学生开动脑筋分析和解决各种各样的突发问题，促进他们的个性发挥和自己动手克服困难的能力，有利于孩子自信心的增强。

---

*注：此项目获得第26届全国青少年科技创新大赛"科技辅导员创新成果竞赛科技教育方案类"二等奖。

（4）学生通过一系列的活动，经历了学习、感受、实验、交流、探究的过程，激发了他们的潜力和活力，提高了他们的综合能力和素质。

1.2.3 情感目标

通过参与本次环保交流营，学生深切地认识到人类活动对环境产生的不良影响，我们周围的自然资源已经受到了严重污染，大家需要树立保护生态环境的意识，并进一步转化为有意识地杜绝和抵制破坏环境的行为，形成自觉环保的生活理念。

1.2.4 持续发展目标

交流营活动带领学生感知自然生态系统与人工生态系统，进一步比较了两种生态系统中的水质和土质情况，帮助学生剖析和感悟人类与自然的关系，启迪学生要尊重大自然，热爱大自然，提高探索自然的能力，进而传播人与自然和谐相处的可持续发展理念，培养学生的社会责任感。

2 方案涉及的对象和人数

（1）对象：本次交流营活动的对象是由参加北京教育学会环境教育研究分会和北京教学植物园主办的环保活动——"美境行动"的小选手组成，小选手均来自全市各中小学校的四至九年级学生。

（2）人数：本次交流营活动人数包括学生、组织人员、专家教师和生活教师在内一共60人。

（3）组织机构：本次交流营活动的组织机构分为三部分。分别为：领导小组，包括"营长"和"副营长"；实施小组，包括专家教师和辅导教师；后勤小组，由生活教师组成。

3 方案的主体部分

3.1 活动内容

本次交流营活动的策划、准备和启动阶段在6月和7月进行。8月为活动主体实施阶段。8月上旬，参加交流营的学生在北京教学植物园报到进行"战前培训"，首先通过破冰活动互相认识结交朋友，之后由老师布置神秘任务，规定学生在一定时间内以小组为单位完成，并通过任务完成后的讨论与分享，引导学生主动的对本次环保交流营活动进行初步思考。"战前培训"激发起了学生的参与兴趣，培训结束后学生便积极主动地投入到了"实战"准备阶段。

8月中旬，参加交流营的学生再次来到北京教学植物园，在老师的指导下选取几种具有代表性的水样和土样进行采集工作。进一步由教师详细讲解水和土壤在地球生态系统中的作用、其各种化学参数的意义以及电导仪的原理介绍，学生在老师指导下完成本组采集的水样和土样的化学参数的测定。

8月下旬，到塞罕坝国家森林公园，让学生通过自然体验式的环境教育活动，学习自然生态系统的知识，并感受到七星湖、泰丰湖和将军泡子等远离城市的坝上草原特有的环境，同时采集各地点的水样和土样，进行其化学参数的测定。通过与在北京教学植物园测定得到的数据进行比较，得出城市内和森林公园（即人工生态系统和自然生态系统）水质和土壤性质的差别。最终，学生将所学、所得、所感进行分享，交流和讨论如何采取行之有效的方法进行环境改善和保护。

本次环保交流营活动，以"生态系统小比较"——测定和比较不同生态系统中水和土壤的理化参数为主线，利用丰富而新颖的活动形式及内容，带领学生感受大自然的美丽和人类活动对自然环境的改变，引导学生对"不同生态系统中的水和土的巨大内在差异"这一结果进行分析，使学生深刻意识到人类生存环境所面临的严重危机，进而对如何改善人类活动与地球环境之间的关系进行大讨论，从内心深处增强了学生"保护地球大家园"的社会责任感。

3.2 重点、难点和创新点

3.2.1 重点

水和土是生态系统的基本构成物质，利用仪器对不同生态系统中的水和土壤的部分理化参数进行测定和数值比较，以及对测定结果的差异的产生原因进行讨论和分析，是本次活动的重点。

3.2.2 难点

低年级学生对电导率等理化参数的内涵在理解上会存在一定难度。

3.2.3 创新点

（1）活动形式。采用自然体验式的环境教育形式，将感受自然和探究自然相结合是本次活动的一大创新点，学生一方面亲身体验到各种不同的自然生态环境，另一方面动手实验对不同生态系统中的水和土壤的性质进行探究，极大地提高了活动兴趣。

（2）活动内容。学生对水和土都很熟悉，但测定水和土壤的各种内在化学参数是陌生而具有吸引力的。带领学生对不同生态系统进行自然体验，进而对不同生态系统中水和土壤的化学参数进行测定比较，这对中小学生来说是充满好奇和期待的。

（3）活动方式。学生在北京教学植物园和塞罕坝国家森林公园进行实地的样品采集，以小组为单位研究确定采样点，亲自对样品进行处理和使用仪器测定，各个环节上都注重学生自我启发、自己动手、自主思考和解决问题能力的培养。

（4）活动工具。在样品采集阶段仅提供给每组必要的辅助工具，让学生集思广益，想办法利用随身携带的日常物品作为实验工具；样品测定阶段使用便携式水质分析仪，让每个学生都体验亲手操作精密仪器获得实验数据的科学家一般的感觉。

（5）活动地点。选择位于北京城二环内的北京教学植物园和河北的塞罕坝国家森林公园，二者同为"园"，但分别处于人工生态系统和自然生态系统中，具有统一性和代表性。

3.3　利用的各类科技教育资源

（1）场所：北京教学植物园和河北塞罕坝国家森林公园。

（2）资料：网络和书籍中有关文献、实验记录分析表。

（3）器材和用具：便携式水质分析电导仪、园艺工具铲、塑封袋、塑料长绳，其他实验用品由老师启发学生利用随身携带的日常物品代替。

3.4　活动过程和步骤

3.4.1　第一阶段：活动准备和启动阶段

（1）确定活动主题；撰写活动方案；宣传动员参加。

（2）搜集资料；落实安全管理工作；召开预备会；制作活动指导单、数据记录分析表和交流营营员手册。

3.4.2　第二阶段：活动主体阶段

（1）战前培训——探索自然活动。由于参加此次环保活动交流营的学生来自不同学校、不同年级，而且坝上部分的活动需要在当地住宿，所以安排了培训环节。8月上旬，参加此次活动的学生在北京教学植物园报到，先由老师组织破冰活动，帮助大家通过自然游戏互相认识，再按年龄和性别分组。之后由老师布置"战前培训"的神秘任务，规定学生在一定时间和范围内以小组为单位完成任务，最后进行集体分享和讨论。培训任务的主要目的是使学生学会生态样方的设计与统计，学会从科学严谨的视角观察自然环境，并进行试验记录，同时培养学生分工协作的团队精神，为后继的活动做好铺垫。

（2）实战一。

①人工生态系统中的样品采集。8月中旬，以北京教学植物园为市内活动地点，指导学生以组为单位观察寻找到一个能够反映较为完整的生态系统的小范围，并采集其中的水和土壤样品。整个活动中老师讲解如何正确选择取样点和采集样品的科学方法。老师只提供给学生必要的用具，如小铲子和塑封袋，其他实验用品由老师启发学生利用随身携带的日常物品代替。活动束后由各组派代表向大家介绍本组的活动探究过程，包括如何确定采样点、采样点环境描述和采样的具体方法等，展示本组采集的样品。在老师带领下大家一起讨论选出"最具代表性采样点""最科学采样方法"和"最精准样品"，并评出"最具战斗力小组"奖。这样，不仅调动了学生的热情，而且在讨论中学生能够主动思考，能够积极开动脑筋寻找最科学的实验方法，为在坝上的未知环境下正确进行样品采集打下了基础。

②战利品检测——测定样品化学参数。第一次实战后，学生会对这些既熟悉又陌生的"战利品"产生更大的兴趣，很希望能够亲手用仪器测定出自己采集的样品和别组的样品有多大差异。这就好像一个孩子第一次体检期待自己的血型结果一般。这时，老师开始讲解作为生态系统基本构成物质的水和土壤的性质以及它们包含的主要理化参数，拿出便携式水质分析仪讲解它的工作原理、测定指标和使用方法（图1）。指导学生测定本组

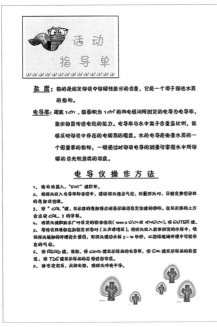

图1　活动指导单

所采集水样和土样（测定前土壤样品由教师负责烘干，再用蒸馏水溶解后过滤为土壤溶液使用）。

③一期战果大比拼——实验数据比较。通过电导仪的测定，每组的每一种样品都会得到3个理化参数的测定值，分别是电导率、盐度值和总溶性固体值，填写数据分析表。根据低年级和高年级学生的知识掌握和能力水平，分别设计了测定项目和数据记录表，如图2所示。首先分析一个样品的3种不同参数之间在数值上的差异和联系，再比较相同地点采集的水样和土样的同一参数，最后再由老师指导将各组的测定数值列成表格，带领大家进行比较分析，加深学生的理解。分析结束后请学生预测坝上水样和土样的数据情况，提示大家利用网络查阅有关坝上生态的资料支持自己的预测，为坝上活动做好预备课。

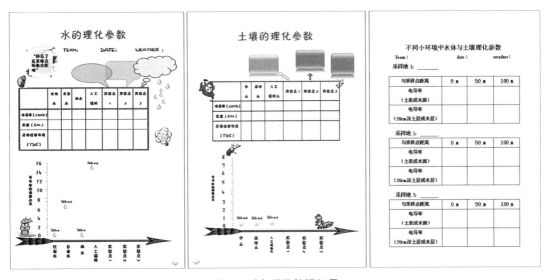

图2　测定项目数据记录

（3）实战二——自然生态系统中的样品采集。8月下旬，带领学生到塞罕坝国家森林公园进行实地考察和样品采集工作。针对学生特点设计了包括塞罕坝概况、活动路线、组织人员电话、日程安排、营员守则和小小贴士牌在内的营员手册（图3），在出发前发给学生。坝上活动部分全程时间为3天，选择能够反映当地典型生态类型的七星湖、泰丰湖、将军泡子、百花坡和月亮湖等处展开考察和实验。

每到一处，专家教师针对当地特点进行植物和自然环境的介绍，帮助学生初步认识所处的环境；学生通过七星湖的"湿地行军"、将军泡子的"湖边观鸟"和百花坡的"沙地

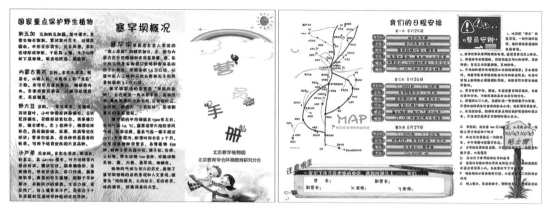

图3　营员手册

拉练"这一系列的体验活动，感受和了解这些地点的不同环境特征；进一步以小组为单位，对每一处的生态环境开展调查，寻找并确定能反映当地环境特征的典型小区域，进行样品的采集和参数的测定。由于在"实战一"中已经积累了一定方法和经验，"实战二"中学生进行采集样品的任务都能够较为顺利地完成，而且对突发的状况能够沉着应对，集思广益想办法解决。

（4）战后集结——数据比较，探究原因，畅谈环保好办法。组织学生将两次"实战"填写好的实验数据表进行汇总，计算出每个取样点每种数据的平均值，再利用这些数值分别绘制出包括电导率、盐度和总溶性固体值这3种参数在内的水和土壤的柱状分析图（以图4为例）。

柱状图能清楚地反映出不同生态系统中水和土壤性质的差异以及相互间的关系。老师和学生针对所得到的数据，一起交流在不同采样地点环境中的活动感受，推断当地的生态环境是否良好，分析数据差异产生的原因，热烈地探讨减小不良差异向优良的生态环境改进的各种有效方法。

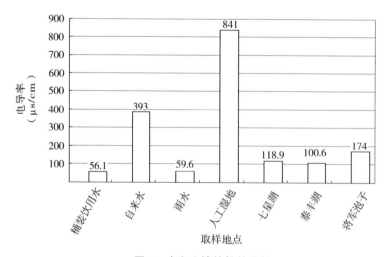

图4　水和土壤的柱状分析

4 可能出现的问题及解决预案

活动中可能出现的问题及解决预案见表1。

表1 活动中可能出现的问题及解决预案

可能出现的问题	解决预案
活动进行需要各个学校、各位家长的合作	充分沟通协调，召开各种类型的预备会
活动可能会引起部分家长对学生成绩的担心	合理安排活动时间，将活动定在了学生的暑期进行，得到了家长和学生的支持
坝上活动可能会引起家长对学生安全的担心	活动前实地考察，制订了全面合理的活动路线、安全预案，确定了完善的组织机构人员分工；聘请经验丰富的教师作为生活教师，每个学生小组都有1~2名生活教师全程负责
参加学生年龄跨度大	按照年龄进行学生分组，根据学生知识水平设计不同的活动调查表和活动强度

5 预期效果与呈现方式

5.1 预期效果

（1）理解水和土的电导率、盐度和总溶性固体值这3种理化参数的含义。掌握便携式水质分析仪的使用方法。

（2）让学生感受科学研究的过程，体会科学研究的严谨，学习科学研究的方法，建立对科学研究的兴趣。

（3）体验不同的生态系统，寻找和发现不同生态系统下的各种环境因子的差别，探索不同生态系统下各种环境因子性质发生变化的原因。

（4）通过"生态系统小比较"，使学生从深层次意识到人类活动对环境造成的严重影响，每个人都设想着改善和保护身边环境的好办法。活动将环保理念深入到孩子的心底，增强了学生"保护地球大家园"的社会责任感，培养了学生保护环境和可持续发展的思想意识。

5.2 呈现方式

（1）实验样品的采集，数据测定表格和分析图，活动照片等展示。

（2）撰写活动心得体会，在同学之间、同学和老师之间进行交流。

（3）高年级的同学将实验数据进行深入分析整理，以科技项目报告形式呈现（项目报告参加了2010年北京市青少年创新大赛的评比）。

6 效果评价标准与方式

效果评价的依据是活动目标的达成情况，目的是找出方案中的优缺点，方案是否有利于提高学生能力和创新精神的培养，所以应侧重活动的过程性和全面性，打破单一的量化评价形式，注重激励和发展，注重质性评价。因此在本活动过程中，采取教师评价与学生评价相结合的方式。

6.1 对学生的评价

对学生在活动中的表现进行评价，包括参与态度、活动过程中的自主性、主动性和独立性等方面；培养目标达标评价，如是否学会了仪器的使用等具体教学目标。

6.2 对活动过程的评价

整个活动过程是否具有科学性、创新性、可操作性和服务性；活动是否实现了预期效果；活动是否达到了培养目标。

6.3 活动效应和安全工作评价

活动是否体现出了学生为中心的教学理念，是否具有普遍性、普及性和推广性；活动中是否出现安全隐患以及排查和处理情况。

6.4 学生评价

通过学生自评了解学生对整个活动的认识和收获，获取活动的被认可度，发现活动闪光点，改进活动不足。

7 对青少年益智、养德等方面的作用

通过体验不同的生态环境，探究作为生态系统的基本构成物质——水和土壤在不同生态系统中的差别，使学生体验到了科学研究的神奇与乐趣。学生运用学到的知识和科学的思维方法对环境进行观察、分析，并通过动手操作进行探究，得到了科学结果，最终能够将自己的探究结果、想法以及收获表达出来。活动培养了学生独立获取信息、分析信息和处理信息的能力以及实事求是的科学态度，提高了综合实践能力和综合素质。

活动中学生分小组行动，从素不相识到一起吃饭、睡觉，每个学生都不同程度地提高了与人相处和团队合作的能力，孩子学会了关心他人，培养了责任感。本次环保交流营体现了自然体验式的环境教育前沿理念，学生学习到科学知识，通过亲身体验和自我发现达到了对知识的真正理解和掌握，使学生在愉快轻松的自然学习环境中激发出了对科学研究的兴趣，有利于培养勇于创新的自主学习精神。本次活动紧扣学生自身发展特点，锻炼了学生动脑、动手的能力，增强了保护环境和促进地球可持续发展的意识。

参考文献

温哈伦，韦钰. 科学教育的原则和大概念 [M]. 北京：科学普及出版社，2011.

米歇尔·本特利，克里斯汀·艾伯特，爱德华·艾伯特. 科学的探索者——小学与中学科学教育新取向 [M]. 北京：北京师范大学出版社，2008.

任长松. 探究式学习——学生知识的自主建构 [M]. 北京：教育科学出版社，2005.

三、动手活动类

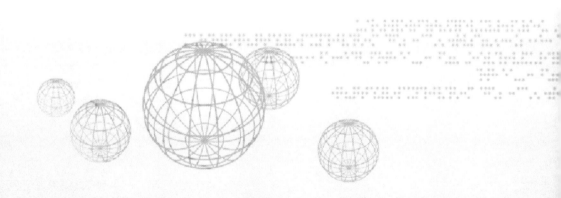

1 背景与目标

1.1 背景

2013 年 5 月 29 日庆"六一"活动中，习近平总书记到北京教学植物园视察指导，提出了"让孩子们成长得更好"的要求。作为校外教育工作者，就要考虑如何能够做到这点要求，用何种方法能够达到这点要求。基于此，本项活动选择了与自然、生活、社会实践相联系的内容。众所周知，蔬菜和水果是人类膳食中食物的主要组成部分，与日常的生活息息相关，本活动让学生在北京教学植物园廊架下的一角通过摸一摸、猜一猜等环节感受植物果实的多样性，了解果实的类型，并采用游戏的形式，激发学生对主题活动的兴趣，体验游戏中快乐的情绪，达到"玩中学""做中学"的目的，让孩子们成长得更好。

1.2 目标

1.2.1 知识与技能

使幼儿园小朋友认识一些常吃的蔬菜和水果；使小学生了解果实的类型及结构和果实的发育过程；培养学生用触觉感知蔬果特征和总结归纳的能力。

1.2.2 过程与方法

通过摸一摸、猜一猜等环节，培养学生尝试应用触觉解决问题的方法。

1.2.3 情感态度与价值观

通过参与活动，培养学生健康、积极、乐观的生活态度。感受植物果实的多样性，自觉养成多吃水果和蔬菜的饮食习惯和热爱植物的良好品质。

2 方案涉及的对象和人数

（1）对象：活动对象为幼儿园小朋友、小学生。幼儿园小朋友可在家长陪同下共同完成。

（2）人数：每场 18 人左右，每天约 300 人。

---

*注：此项目获得第 35 届北京青少年科技创新大赛"科技辅导员创新成果竞赛科技教育方案类"一等奖。

3 方案的主体部分

3.1 活动内容

计划本活动作为北京教学植物园在"五一"和"六一"对社会公众开展的"绿色北京——青少年自然体验活动"特色科普活动中的自然游戏类项目开展。生活中人们习惯首先用视觉去感知事物，本活动尝试换一种方式让学生认识事物。活动现场配备了活动展板、分类暗箱、活动单以及相关文具以供同学们使用，具体是通过游戏性的暗箱摸果形式用触觉感受果实的大小、形状、表皮纹理等特征，体验趣味盎然的"摸与猜"的过程，对植物果实产生最直观、最真实的认识。

3.2 重点、难点和创新点

3.2.1 重点

学生运用触觉积极主动地感知果蔬的各种特征。

3.2.2 难点

对单个暗箱内的不同果蔬的特征进行归纳总结，了解植物果实的分类。

3.2.3 创新点

借助暗箱这一教具，增加了活动的神秘感与趣味性。活动选择以学生最常接触的果蔬为材料，为学生们提供了一条由日常生活出发的由浅及深、循序渐进的思维路线。

图 1　环境宜人的北京教学植物园百草园廊架下作为活动场地

3.3 利用的各类科技教育资源

利用的各类科技教育资源见表 1、图 1。

表 1　利用的科技教育资源

科技教育资源	内　容
硬件资源	环境宜人的北京教学植物园百草园廊架下作为活动场地
	介绍活动过程的展板
	装有各种植物果实的暗箱及蔬果实物
	活动单和铅笔
人力资源	北京教学植物园植物部教师 1 名、大学生志愿者 3 名

3.4 活动过程和步骤

3.4.1 准备和导入环节

学生进入活动场地后，首先从志愿者手里领到活动单和铅笔，随后活动教师将手中的某种果实展示给学生，让学生借助视觉感知事物、判断事物，随后引出今天活动的重点——体验一种新的方式，用触觉去感知事物（图2、图3）。活动开始前，教师强调摸果过程中应轻拿轻放，勿用力捏或掐等，以保持果实的完整和新鲜。

图 2　介绍活动过程的展板

图 3　学生领取活动单及铅笔

3.4.2　"摸一摸"环节

考虑到参与活动的学生年龄、身高不同，活动场地的廊架上悬挂了6个高低位置不同的正方形暗箱，解决活动对象的身高差异，并且每个暗箱带有2~3个供学生伸手摸果的洞口。箱内具体果实见表2。

表 2　暗箱内具体果实

箱　号	果　实	果实类型	
1	番茄、茄子、猕猴桃	浆果	肉质果
2	橘子、柠檬、橙子	柑果	
3	大枣、桃子、李子	核果	
4	鸭梨、苹果	梨果	
5	黄瓜、苦瓜、南瓜	瓠果	
6	花生、瓜子、核桃	干果	

3.4.3　核对答案环节

每个暗箱分别猜出至少1种即可，教师核对学生活动单，若有错误，邀请学生再次自己核实，凭触感得出正确答案（图4）。

3.4.4　总结交流环节

（1）回忆各暗箱内装有的果实，根据箱号提示的果实类型，引导学生找出箱内几种果蔬的共性，了解果实依据果皮干燥程度可分为肉质果和干果两大类的这一分类方法，以及果实均由果皮和种子构成的这一知识点。

（2）以讲故事的形式生动形象地将果实的产生和发育过程告知学生，同时将图卡展示

图4　学生体验趣味盎然的"摸与猜"的过程

给学生，使学生在听的同时能够看到果实发育的器官。使学生的感性认识发展成为对果实分类、结构特征、生长发育及繁殖过程的理性认识与思考。

（3）鼓励学生多吃水果和蔬菜，不偏食，不挑食，养成健康的饮食习惯（图5）。

4　可能出现的问题及解决预案

图5　总结与交流

4.1　果蔬材料出现问题

活动中的一个重要环节就是学生在暗箱中摸水果，为了使学生更真实、更直观地感受果实的形态，暗箱中的植物果实均为新鲜的实物。根据活动计划总要求，预计每天800名学生将参与到活动中，果蔬会随着被摸的次数的增加，表皮破损、汁液渗出，对学生的感知判断造成困扰。因此，需要准备足够的替换果蔬，活动教师定期检查暗箱内果蔬的新鲜程度，必要时，及时进行更换。另外，活动教师应对参与活动的学生提出明确要求：不能用指甲抠，不能用力捏揉暗箱中的果蔬。

4.2　学生安全问题

百草园廊架一角作为本活动的教学活动场地，廊架道路铺装为铁钉固定的木质板材，廊架出入口环境比较复杂，有石头汀步，有小桥，可能出现因拥挤、追逐或玩耍而跌倒的情况，因此活动前需对木板上的铁钉一一检查，排查是否有高于地面的铁钉。另外，在出入廊架时，活动教师应对学生进行警告性的提醒，强调注意脚下安全。

5 预期效果与呈现方式

5.1 预期效果

活动的具体内容和知识难易程度与学生的接受能力和思维方式相适应，活动的设计从学生的身心发展特点、兴趣爱好出发，让学生学习适合他们生长发展特点的社会生活方面的知识，通过游戏性的环节充分调动学生的积极性和主动性，使学生形成主动学习的意识。主要表现在方案真正从学生的生活世界出发。具体表现在以下几个方面：

（1）学生能力得到培养。如自主学习、综合实践的能力和获取信息、利用信息的能力。

（2）学生能够对果实分类的依据有一定的了解。

（3）学生有利于形成健康向上的饮食习惯。

5.2 呈现方式

（1）学生参与活动的积极性。

（2）活动中教师的提问与学生的回答。

（3）收集的活动单填写内容的正确率。

（4）活动留言簿收集的学生或家长的留言。

6 效果评价标准与方式

6.1 教师教学设计的合理与否

教学设计决定学生学习的效果和参与程度，影响到学生的主体意识和活动能力，活动能否为学生提供主动参与的时间是教师教学设计合理与否的重要内容。

6.2 学生的参与是否积极

学生是否主动、积极地参与学习过程而不是被动地从教师那里接受知识。活动中，暗箱摸果的过程能够激发学生独立思考的能力，运用触感感受果实的形态，从而猜出摸到的果实的名字，这种趣味盎然的"摸与猜"的过程能够吸引学生主动参与到活动中。

6.3 教学过程对学生创造性的激发程度

活动中，教师提出的开放性问题、学生主动提问的次数、学生独立思考的时间等方面。

7 对青少年益智、养德等方面的作用

活动中的果蔬样品，都是日常生活中较常见的，因此对于已经有一些基本生活知识的学生们而言难度不高，易于同学们迅速地参与进来，可以大大地增加学生的自信心，潜移默化地影响学生，使他们做任何事都能有信心完成得很好。除此之外，活动能够为学生们提供一条由日常生活出发的由浅及深、循序渐进的思维路线。

触摸、观察、想象——植物科学体验活动*

1 背景与目标

1.1 背景

植物多样性是人类生存的基础，有关学者指出，自然界中生物量95%以上是由植物光合作用所形成，人和动物的生存都依赖于植物的多样性。近年来，人类从野生植物中发掘出许多优良的食用、药用、油料、工业原料、饲料和观赏植物。因而，植物科学素养是青少年科学素养的重要组成部分。具备植物科学素养将有助于学生正确看待科学在社会中的作用，科学地处理人与自然、人与社会、人与科学的关系；青少年时期掌握的绿色科学知识、科学方法，形成的科学意识将会影响今后的生活和行为。因而对青少年开展植物多样性教育，培养保护植物多样性意识具有重要的战略意义。

我国《小学科学课程标准》中指出要让学生接触生动活泼的生命世界，去田野树林、山川湖泊，看花草树木、虫鱼鸟兽，感受生命的丰富多彩、引人入胜。他们会发现每一片树叶都不同，每一朵花儿都绚丽，从而激发热爱生命的情感和探索生命世界的意趣。课标中还指出要让学生了解当地的植物资源，能意识到植物与人类生活的密切关系；了解更多的植物种类，感受植物世界的多姿多彩。

想象是人脑特有的认知方式，小学阶段的学生具有丰富的想象力。通过这种特殊形式的思维方式，结合学生已有的生活经验，有利于他们快速建构新知识。本方案力求抓住学生的认知特点，打破常规认识自然事物的模式，充分调动学生的想象力、感知能力，让学生们亲身感受到植物世界的美妙与神奇。

体验式教育是一种特定环境下的实践教育。它是通过受教育者对所处环境的感知理解，产生与环境相关联的情感反应，并由此生成丰富的联想和领悟，在心理、情感、思想上逐步形成认识从而达到教育目的的一种教育方式。本活动的实施场所——北京教学植物园拥有丰富的植物资源，多种生态景观，学生在这种环境中的亲身实践体验，有助于激发学习欲望，调动主动探索知识和发现问题的意愿，有利于深化认识植物，培养环境意识，建构环境理念，并积极主动地参与解决环境问题的行动。

---

*注：此项目获得第33届北京青少年科技创新大赛"科技辅导员创新成果竞赛科技教育方案类"一等奖、第28届全国青少年科技创新大赛"科技辅导员创新成果竞赛科技教育方案类"三等奖。

1.2　目标

1.2.1　知识目标

学会阅读植物标牌，通过植物标牌学习植物知识；知道果实的结构，能够准确识别几种植物；学会组织语言或应用简图描述植物的特征。

1.2.2　能力目标

通过在暗箱中摸取果实的过程，尝试运用触觉观察与认识植物；通过联想与植物相似的物体，学会运用联想法记忆植物的特征；通过自主完成活动任务的过程，提高自主学习、科学探究的能力；通过小组合作、交流分享，提高沟通表达、语言组织能力。

1.2.3　情感目标

通过与植物的亲密接触，体验到植物的形态多样性，领略到植物科学的魅力，养成热爱植物、热爱大自然、保护环境理念。

2　方案涉及的对象和人数

（1）对象：本活动的对象由平谷镇罗营小学、北京小学、光明小学等校学生及北京教学植物园开放日参与者组成。

（2）人数：本项活动参与者累计达 5000 人次。

3　方案的主体部分

3.1　活动内容

本活动选在北京教学植物园百草园中实施，选在繁花似锦的 5～6 月实施第一季"植物模仿秀"，果实累累的 10 月实施第二季"猜猜看"。

在第一季"植物模仿秀"活动中，首先，老师以模仿达人小沈阳、模仿秀节目《王者归来》引入"模仿秀"话题，指出百草园中的植物也在悄悄上演着模仿秀，由此，号召同学们参与到植物模仿秀活动中来，寻找身边具有超级模仿能力的植物。接着，老师宣布活动规则，学生依据教师发放的活动单所提供线索、结合植物标牌提供信息，在园内相应位置去寻找这些模仿能力超强的植物。在寻找的过程中学生需要会查看地图；找到之后需要仔细观察植物的形态并充分发挥想象力，去想这些植物和我们生活中所熟知的哪些物体形态相似，并自主通过文字或简图的形式予以表述。最后，学生完成任务之后返还活动单，教师给予点评，并引导学生分享交流活动中的感受与认识。

在第二季"猜猜看"活动中，教师首先让两位同学闭着眼睛用触觉去感知老师手中的两样"神秘"物品，并让学生用语言来描述这两样物品。由此，作为活动的导入，引出活动主题，教师宣布活动规则，学生进入自主活动阶段。在此过程中，学生需要在暗箱中摸植物的果实，凭借触觉去判断暗箱中是哪些植物的果实。在此环节中，加入了"我说你猜"的游戏，摸果者需将其摸到的果实用语言来描述，记录员凭此判断果实的名称，并将其认为正确的答案写在活动单上。整个过程学生们在娱乐的同时，感知能力与语言表达能力得到锻炼。最后，老师为学生们宣布正确答案，引导学生交流分享，并进行相关知识小结。

整个活动在一种轻松愉悦、自主探究的过程中进行，潜移默化地对学生传达了绿色科学知识，使学生加强了对校内课本中相关知识的理解，激发其关爱植物的情感，以及对植物科学的热爱。

3.2 重点、难点和创新点

3.2.1 重点

学生学会组织语言或使用简图描述植物的特征，学会科学观察植物，应用联想法记忆植物特征；树立关爱植物、热爱大自然、保护环境理念是本活动的重点。

3.2.2 难点

第一季"植物模仿秀"活动需要学生凭借地图在百草园中执行任务，不同学生使用地图能力不同，对有些学生来说独自执行此任务有一定的难度。第二季"猜猜看"活动中，由于年龄跨度大，生活经验不同，学生通过触觉感知事物特征，并将其表述与他人，对某些学生来说有难度。

3.2.3 创新点

本活动全过程都是采用学生自主体验、主动探究的形式，教师起引导作用。在活动中注重引导学生打破常规认知自然事物的方式，让学生充分体验五觉之一——触觉在认知自然、观察植物中的作用，体验联想记忆法学习植物学的乐趣，进而领略到植物科学的魅力。对植物赋予人性化，让学生充分感受到植物也有生命，植物也需要我们去关爱，进而帮助学生形成环境友好型人格。

3.3 利用的各类科技教育资源

（1）场所：北京教学植物园百草园。

（2）资料：网络和书籍中有关文献参考。

（3）器材和用具：活动单、铅笔、留言本、活动暗箱、各类果实、活动介绍展板，创可贴、驱蚊花露水等医药用品。

3.4 活动过程和步骤

3.4.1 第一阶段：活动准备

（1）确定活动主题，撰写活动方案、活动计划，发布活动通知。

（2）设计、制作活动介绍展板、活动任务单。

（3）准备活动安全预案，落实安全管理工作。

（4）对活动场地进行现场勘察，安装活动道具。

（5）准备铅笔、帽贴、留言本等各类活动用品。

3.4.2 第二阶段：活动主体阶段

（1）第一季：植物模仿秀。5~6月的百草园正是百花盛开、群芳斗艳的时刻，叶似马褂的鹅掌楸、花似猫脸的三色堇、果似元宝的元宝槭……植物们在植物园这个大舞台上"秀"着自己，适逢"五一""六一"等假日，此时开展活动会让更多的学生们加入活动中来（图1~图7）。

①活动热身。以模仿达人小沈阳、模仿秀节目《王者归来》引入"模仿秀"话题，指出百草园中的植物也在悄悄上演着模仿秀，由此，号召同学们参与到植物模仿秀活动中来，寻找身边具有超级模仿能力的植物。采用学生所熟知的事物做活动铺垫，可激发学生们主动学习的热情。

②听规则领任务。教师向学生介绍活动规则，学生按要求2~3人自行分小组；领取活动单。

③园中找答案。本阶段是学生自由观察、自主探究的过程，教师起到引导的作用。学

图1　教师介绍活动规则

图2　学生执行活动任务

图3　教师个别指导

图4　教师组织学生交流

图5　活动介绍展板

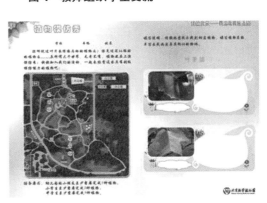

图6　活动单正面

生按照活动单上的地图信息、植物图片，结合园区植物标牌，在园区中仔细观察、找寻这些植物，学生充分发挥想象力，联想与这些植物形态相似的物体，有助于加深对植物的认识，培养联想思维的能力，发现植物之美，领略植物科学的魅力。

图7　活动单背面

④交流分享。同学们在规定时间内完成活动任务之后，上交活动单。教师仔细阅读分析学生的活动单，并对各小组完成情况进行点评。教师指出图示6种植物的名称，并组织同学围绕寻找这些植物的过程中的感受以及对这几种植物的认识进行交流。最后，教师进行补充总结。学生通过交流分享，培养总结概括能力；通过师生交流总结，学生能自觉意识到植物是人类的亲密伙伴，激发保护植物的情感，养成热爱植物、关爱自然的习惯。

（2）第二季：猜猜看。秋天是收获的季节，10月的百草园，到处可以看到植物的果实，亲身置于这一环境中，采用打破传统的认知形式，有利于激发学生去观察、去认识植物的果实，收到事半功倍的效果（图8~图10）。

①活动热身——光滑与粗糙。教师将事先准备好的两种植物的叶片（光滑的柿树叶、粗糙的泡桐树叶）作为"神秘"物品，让两位同学闭着眼睛用触觉去感知这两样东西，并让学生用语言来描述它们的形态，最后再进行揭秘。这种触觉体验带来的认识是平时学生们没有认识到的，以此作为活动的铺垫，有利于激发学生主动参与到"猜猜看"活动中来。

②活动高潮——暗箱摸果。教师宣布活动规则后，学生分4个小组进行活动，每4人组成一小组，其中3人负责摸果，1人负责记录。在这个过程中，摸果者不能直接说出果实的名称，只能用语言来形容其摸到的果实的形态，记录者凭此记录果实的名称。这个过程有利于整合学生的感知觉，锻炼表达沟通能力，培养团队协作能力。

③活动尾声——摸果感言。教师根据各小组完成的情况进行点评，并宣布正确答案。组织学生现场解剖几种果实，小结果实的结构。最后，教师组织学生围绕"通过摸果活动你有哪些新的认识""生活中你如何去观察植物"等问题展开交流讨论。由此，引导学生获得一些植物科学知识，掌握一些探索植物科学的方法。

图8　学生分组活动——摸果

图9　教师个别指导

图10　教师组织学生交流分享

4 可能出现的问题及解决预案

活动中可能出现的问题及解决预案见表1。

表 1 活动中可能出现的问题及解决预案

可能出现的问题	解决预案
参加学生年龄跨度大，身高差异大，部分学生伸手到暗箱中摸取果实会有困难	提前设计不同高度的暗箱，在活动中，教师合理安排资源，根据学生身高合理分组，引导学生选择适当高度的暗箱
摸果者与记录员的默契程度不够，记录者不能清楚理解摸果者的表述，学生产生放弃活动的想法	将学生每4人分为一组，3位摸果者，1位记录员；让记录员能充分理解摸果者所要表达的是哪种果实，适当时候教师给予一定提示
部分低龄学生禁不住暗箱中果实的诱惑，会将果实拿出暗箱或将果实带走	安排专人负责巡视、管理暗箱中果实，提前准备好备用果实
学生在寻找"植物模仿达人"的过程中，可能会迷路，从而中途会放弃活动	事先在活动单上印制园区地图，提前向学生介绍活动场地情况，并安排相关老师负责引导、鼓励学生完成任务
部分家长的教育观存在偏颇，对孩子的活动有过多干涉	及时与家长沟通，引导家长对孩子的活动适度参与、合理指导，保证活动顺利开展和高质量地完成，使家长和孩子同时在活动中受益
活动中学生可能会出现碰伤、摔倒等安全隐患	事先制订全面合理的活动路线、安全预案，确定完善的现场工作人员分工，全区各处均由安全巡视员定点巡视，为学生准备创可贴、藿香正气水、防蚊花露水等医药用品

5 预期效果与呈现方式

本活动是学生自主学习、自主探究，教师引导的体验式教育活动，学生从活动中获得的感受、领悟、情感等，都是通过自主的活动自觉地产生的。

5.1 预期效果

（1）学会组织语言或应用简图描述植物的特征，能够了解果实的结构。

（2）学会在观察自然事物中应用触觉等感官，进而科学地观察植物等自然界的事物，学会运用联想法记忆植物的特征。

（3）通过体验和感受进行自然科学研究的探索过程，初步构建对自然科学研究方法的认识，培养科学观察、主动探究和独立完成工作的能力。

（4）通过与植物的亲密接触，体验植物的形态多样性，领略植物科学的魅力，养成关爱植物、热爱大自然、保护环境理念。

5.2　呈现方式

学生的活动单、学生交流分享中自我观点的陈述与表达、学生的活动感言、留言本的信息反馈等。

6　效果评价标准与方式

效果评价的依据是活动目标的达成情况，评价的主要目的是全面了解学生学习的过程和结果，激励学生学习和改进教师教学。通过评价所得到的信息，可以了解学生达到的水平和存在的问题，帮助教师进行总结与反思，调整和改善教学设计和教学过程。因此，要尽可能运用多元化的评估体系，本方案注重评价主体多元化、评价形式多元化。分别从对学生的评价与对教师的评价来进行评估，从活动组织实施的全过程给予评价。

6.1　对学生的评价

对学生评价的主体是教师、家长以及学生。教师对学生的评价主要采用行为表现评价法，对学生在活动中执行活动任务的独立性、探索的意愿、任务完成的情况，以及交流分享的主动性等方面进行评价。通过对家长访谈的形式，了解家长对孩子的评价。学生通过自评及小组成员评价，对他在活动中获得的科学知识、方法，以及由此产生的新的认识进行评价。

6.2　对教师的评价

对教师评价的主体是学生、家长、其他教师及教师本人。通过学生、家长留言、访谈对教师在教学中的表现，教师实施活动的创新性、科学性、对学生产生的影响等方面进行评价。其他教师采取观摩的形式主要对教学活动组织的有效性、教学目标的完成情况来进行评价。教师进行活动录像回放，分析学生任务单，总结学生活动中的参与情况，评价整个活动过程是否具有科学性、创新性、可操作性和服务性，是否实现了预期效果，是否达到了培养目标。

7　对青少年益智、养德等方面的作用

本活动应用自然体验式的环境教育理念，注重学生与自然的接触，通过学生置身于情境中的亲身经历，在体验中不断自我总结、反思、概括，自觉获取来源于实际生活的绿色科学知识及科学理念，主动激发出对植物科学研究的兴趣，培养勇于创新的自主学习精神。同时，活动自始至终引导学生认识到植物与我们的生活密不可分，并对植物赋予了人性化特点，引导学生认识到植物是人类的亲密伙伴，植物同人类一样也是有生命的个体，倡导学生关爱生命，与自然和谐共处，构建生态文明理念，创建绿色生活方式。另外，团队协作能力对人的生存和发展有着重要的意义，良好的团队协作能力是高素质人才所必备的。在本活动中，安排学生分组活动，小组成员之间配合完成任务，对学生的团队协作能力有一定的培养。从整体上来说，本活动符合我国现阶段的教育方向，坚持以人为本、全面实施素质教育，努力将青少年培养成为德才兼备、适应社会发展需要的国家创新型人才。

1　确定主题的依据

（1）户外教育是一种直接而简单的学习方式，把课程延伸至户外。它是基于发现学习的原则并强调直接使用感官（视觉、听觉、嗅觉、触觉、味觉）以进行观察和知觉。这种体验既是一种经历，又在经历中与其自身经验产生联系，学习是真实的，能有效地激发学生的兴趣和学习的热情。

（2）中小学课程标准中有"热爱大自然"的要求。学生只有亲近自然，才能对大自然产生感情，才能热爱大自然。蒙眼游戏，是让学生在半自然的环境中嬉戏，快乐的玩耍，放松地体验植物。学生在游戏时，很自然地把自然当成朋友。

2　活动目标

2.1　知识目标

能说出 3 种植物的名称（小学三年级以下）；正确描述 3 种植物的特点（小学三年级以上）。

2.2　技能目标

锻炼学生自学的能力。锻炼学生的触觉、嗅觉。锻炼学生与人协作的能力。

2.3　情感目标

感受游戏的快乐；感受植物的多样性；增进家长与孩子的感情；增强对残疾人的同情心。学生学习自己管理自己。

3　活动对象及规模

（1）对象：小学一年级及以上学生，亲子活动。

（2）规模：500 人/天。

4　活动内容

两人一组，一人蒙上眼睛，另一个扶着他感受不同的植物。然后，摘下眼罩，根据记

---

*注：此项目获得第 33 届北京青少年科技创新大赛"科技辅导员创新成果竞赛科技教育方案类"二等奖。

忆寻找到感受过的植物，完成活动单。

5　活动创新点

（1）注重学生自律意识的培养。一个人是否能取得成功，除了机遇、努力外，很重要一点就是自律意识，也就是自己管理自己的能力。因为每个人的父母、老师、朋友都是过客，不可能陪伴一生。只有善于管理自己的人，才能成功，成功了之后依然能够清醒地看待自己。"蒙眼游戏"活动中，教师设计了活动流程，做成展板，将活动中所用的工具——数字牌、眼罩、活动单放在箱子中。学生看完展板后，按照流程取用活动工具参与活动。活动中，学生自己管理自己，完成整个活动。

（2）用触觉、嗅觉认识植物，极大激发学生兴趣。活动中，学生用手触摸幼嫩的果实、叶子，感受不同植物的树皮，细闻野草散发的淡淡花香。生活中常见的植物一下子变得陌生而神奇，果实上细细的绒毛，因为虫子啃咬缺了一角的叶子，唤醒了学生的触觉、嗅觉和那颗敏感的心，激发学生兴趣，促使学生抛弃活动中的浮躁重新去品味生活中的一草一木。

6　活动准备

6.1　选择植物

蒙眼游戏中，孩子需要蒙着眼睛走路，所以要求道路平坦，植物比较集中且面积不能太大。考虑活动的人较多，踩踏植物严重，尽可能选择野生植物较多的地方。综上所述，将活动区域设定在教学植物园的树木分类区的玉兰树区。

为了充分激发学生的兴趣，活动中设计了 3 类动作提示，分别是：用手触摸树干、用手触摸植物的叶片和果实、闻植物的花香。多样的体验方式带给学生不同的感受。同时，为了能让更多的人参加游戏，每类植物设计 3 种植物，且每类植物的区别都明显。如"用手触摸树干"类。设计了长白松（树皮鳞片状）、八角枫（树皮光滑）、刺榆（树皮不规则条裂）。学生很容易就完成游戏，增加学生的成就感。

6.2　编写数字牌

用手触摸树干的植物：长白松（1）、八角枫（2）、刺榆（3）。

用手触摸叶片和果实的植物：杏（4）、李（5）、碧桃（6）。

闻花香的植物：苦荬菜（7）、车前（8）、诸葛菜（9）。

括号的数字为植物的编号。如长白松为 1 号。每类植物中选出一个植物，组成数字牌。共有 3×3×3＝27 个数字牌。制作两套数字牌，放到抽签箱中。

6.3　设计动作提示牌

根据数字牌，设计如下动作提示牌（图 1）。在植物上挂好动作提示牌，在活动边界拉上警戒线。

图 1　动作提示牌

6.4　编写游戏规则

（1）两人一组。一人（A）扶着，另一人（B）需要蒙上眼罩。

（2）A 到抽签处抽取数字牌。

（3）B 到领取处领取眼罩。B 走到起点处，并戴上眼罩。

（4）A 扶着 B，按数字牌找到相应植物。

（5）提醒 B 按照植物上的动作说明进行植物识别。

（6）A 扶着 B 回到起点处。

（7）B 将眼罩放回眼罩领取处。A 将数字牌放回抽签处。

（8）B 到领取处领取活动单和铅笔。

（9）B 按照记忆，寻找到识别过的植物，填活动单。

（10）B 回到起点，与 A 的数字牌相对照。若 B 全猜对了，给予奖励。

6.5　制作眼罩

为了保证活动的进行，设计了学生用活动眼罩（图2）。

6.6　设计展板

为了保证游戏顺利地进行，锻炼学生自律意识，将游戏设计成自取式的活动。自己阅读游戏规则（图3），自己取还眼罩、数字牌，主动完成活动单的填写。

图 2　活动眼罩

图 3　游戏规则和流程

6.7 设计活动单

为了保证游戏顺利地进行，以便教师知道学生的兴趣点与意见，设计活动单（图4）。为了让学生体验科学表格的记录，设计表格时，按照科学的记录表格设计，表头、表、记录人、记录时间都应具备。

7 活动过程

活动过程见表1。

图4 活动单

表1 活动过程

阶段名称	拟实现的阶段性目标	教师活动	学生活动
第一阶段：熟悉活动规则（5分钟）	①引起学生兴趣，吸引学生参加活动。②学生能知道游戏规则。③锻炼学生自学的能力	①提问：现在我们要参加什么活动？②提问：怎么玩？有什么游戏规则？注意，活动中最重要的一点就是B保证不能让A看到数字牌	①学生阅读游戏规则。②回答：蒙眼游戏。A领取眼罩并戴好，B抽取数字牌。B扶着A，根据数字牌找到植物，并提醒学生按照动作提示体验植物。A摘下眼罩，将眼罩和数字牌放回领取处。A领取活动单，根据体验的感觉，寻找到体验过的植物，填写活动单。将活动单交给老师，并领取奖品
第二阶段：学生活动（10分钟）	①锻炼学生的触觉与嗅觉，锻炼学生与人合作的能力，学习相互信任。②体验快乐。③增加孩子与家长的感情。④感受盲人的不易，增强对残疾人的同情心	组织学生按游戏规则活动	学生按照游戏规则活动
第三阶段：填写活动单（10分钟）	①锻炼学生观察的能力。②学生感受植物的多样性	发放活动单	观察植物；填写活动单

（续）

阶段名称	拟实现的阶段性目标	教师活动	学生活动
第四阶段：给学生鼓励（1分钟）	学生体验成就感	给学生盖章鼓励。若有填得不正确的，鼓励学生找到感受过的植物，和认为的植物相比较	上交活动单

8 可能出现的问题及解决预案

安全工作：活动前，向学生和家长强调安全的重要性。为了减少安全问题，本活动设计成亲子活动，学生的安全问题由家长负责。在容易出现安全问题的地点，设置警示牌，有专人看守。教师购置创可贴、消毒棉等以备不急之需。

低年级的学生有些字不会写，这时鼓励学生写拼音或者画画。若是人不是很多，可以直接向老师讲述活动体会。

9 预期效果及呈现方式

学生的观察记录单上填写有 3 种植物名称和植物描述，植物描述的语言形象、有趣。在活动感想一栏中，大部分的学生会填写"愉悦""高兴"等。学生和家长参加完，脸上的表情是愉悦的、轻松的。

10 活动评价

评价是教师能正确认识活动效果、分析学生学习效果，学生能正确认识自我和他人的前提。本次活动，通过以下两种方法评价：第一，是在活动中，教师通过观察学生回答问题情况和学生表情来评估学生。第二，是仔细分析回收的活动单进行评价。

魔法叶子*

1 背景与目标

1.1 背景

中小学生思维活跃、发散性思维很强，对身边运动的事物特别感兴趣。植物不会运动，很难吸引学生的注意力，本活动依据儿童心理学和中小学生课程标准，结合学生爱看魔术的心理，采用魔术吸引学生注意力，引入新的探究问题，带着学生一起进入植物叶子的认知和识别过程。以魔术引入，让学生主动观察植物的叶子，学习其中的奥秘，并且提升学生的观察力和记忆力。

著名儿童心理学专家艾德华·克拉帕雷德指出：活动教学并不是要儿童做要他做的事情，最重要的是让孩子愿意做、主动做。赫尔巴特也把培养"多方面兴趣"作为教学的直接目的，把整个教学过程视为兴趣的产生发展过程。《小学科学课程标准》中要求学生能说出周围常见植物的名称，感受植物世界的多姿多彩；能指认植物的六大器官，知道各种器官的作用。

1.2 目标

1.2.1 知识与技能

记忆并知道"飞走"的 3 片叶。知道针叶与阔叶的区别。锻炼孩子的记忆力，形成初步的观察、比较、判断、归纳、概括能力。

1.2.2 过程与方法

通过记忆在园区找到"飞走"的 3 片叶对应的 3 种植物，培养学生的观察能力、记忆力。通过寻找的过程，培养学生的方位感。

1.2.3 情感态度与价值观

学会对身边事物进行观察并记忆。对大自然喜爱，对植物了解而去爱植物。

2 方案涉及的对象和人数

（1）对象：适合小学生。

＊注：此项目获得第 36 届北京青少年科技创新大赛"科技辅导员创新成果竞赛科技教育方案类"三等奖。

（2）规模：适宜人数 15 人左右。

3 方案的主体部分

3.1 活动内容

首先利用魔术布将 7 片叶子盖住，讲解有关叶子形状和叶子功能的知识。打开魔术布，在规定的时间内观察 7 片叶子并记忆，随着魔术咒语叶子会"飞走"，学生根据自己的记忆去寻找"飞走"的叶子。找出植物后观察植物的特征并填写活动单。对认真完成活动的同学进行奖励，做一个属于自己的叶子卡片，并对叶子形状知识进行细化。

3.2 重点、难点和创新点

（1）重点：通过观察、记忆、寻找叶子的过程，培养学生的记忆力、观察力，培养学生热爱植物。

（2）难点：学生对 3 片叶子的记忆和寻找。

（3）创新点：利用魔术引入探究问题，引起学生注意。

3.3 利用的各类科技教育资源

（1）场所：北京教学植物园百草园；在园区标记要找寻的叶子对应的植物，并挂上塑封的叶片。

（2）资料：桌子，三块"魔术布"（一块布上有 7 种叶片，另一块布上有 4 种叶片，最上面的布比其他两块布稍大，颜色、布料一样），7 种植物叶子塑封（紫苏、白皮松、银杏、元宝槭、玫瑰、鹅掌楸、柳）两套，压花器、彩纸、活动单、展板、铅笔、刻有"魔法叶子"的印章等（图 1）。

图 1 活动材料

3.4 活动过程和步骤

3.4.1 第一阶段：活动介绍（2 分钟）

（1）目标：吸引学生的注意力，调动学生参加活动的积极性。

（2）过程：将活动展板放置在显眼的地方，引导学生阅读活动单内容，引发学生的好奇心（图 2）。简单介绍活动内容和规则，强调安全事宜。分发活动单和铅笔。管理学生按次序入场参加活动。

图 2　学生阅读活动展板

3.4.2　第二阶段：魔术时间（13 分钟）

（1）目标：引导学生观察叶子，锻炼学生的观察力和记忆力。

（2）过程：讲解有关叶子形状和叶子功能的知识，为魔术做铺垫。引导学生观察叶子，从学生的日常生活说起，通过提问与学生互动："菠菜的叶子是什么样的？"学生回答后，教师总结："菠菜的叶子是绿色的，椭圆形的叶片有长长的叶柄。菠菜的叶子是单叶，一个叶柄上只有一片小叶。叶子由托叶、叶柄、叶片组成。"老师问："观察过路边树的叶子吗？"学生回答后，老师总结："北京的路边有槐，它的叶子是复叶，一个叶柄上有两个或者多个小叶。不同的植物叶子不同。有的叶子是椭圆形的，有的叶子是长条状的；有的叶子很大、很圆，如荷叶；还有的叶子是细细的像针一样。"激发小朋友说出植物的名字。同时植物的叶子边缘也不一样，有的像锯齿，有的很光滑，还有的叶子上有毛，等等，引导学生回忆生活中所见植物的叶子形状，激发学生对叶子的观察兴趣。有一些植物，不同部位的叶子形状和大小也不同。总结："叶子是植物的重要组成部分，对植物来说是重要的器官，植物的叶子可以利用光能，把光能转化为化学能，叶子会变魔术，是真正的魔术师。"引出魔术，让学生的关注点转到魔术台上，讲述魔术规则："现在你们看到的魔术布上有 7 片不同植物的叶子，我会给你们 20 秒的时间，你们记忆这 7 种植物的叶子，然后我会盖上魔术布，魔术布有魔力，哪一片树叶想飞走回树上，魔力就会赋予这片叶子力量飞走。"然后同学们就带着活动单去寻找这 3 片叶子。操作：揭开魔术布，让学生在规定时间（20 秒）内记忆魔术布上的叶子特征和植物名称。盖上魔术布，边说魔术咒语"叶子叶子飞"边揭开魔术布，也可以让学生一起说，增加互动；揭开魔术布，学生会惊讶地发现"飞走"了 3 片叶子，告诉学生活动规则，独立地根据自己的记忆去找，不要说出"飞走"叶子的名称（图 3）。

图 3　表演魔术

3.4.3　第三阶段：寻找"飞走"的叶子（5分钟）

学生依据记忆去找"飞走"的3片叶子，在园区内寻找目标，找到"飞走"的叶子后仔细观察并填写活动单（图4）。期间，教师为需要帮助的学生提供必要的帮助。

图4　寻找"飞走"的叶子

3.4.4　第四阶段：评价找寻结果，总结交流（10分钟）

肯定学生在活动中的表现，鼓励学生今后养成善于观察、提出并解决问题的习惯。培养学生的动手能力，加深对叶子的认识。

教师评判学生写的或者画的内容以及标示是否正确，给予点评，鼓励学生观察，引导学生就观察和完成任务中出现的问题进行交流，教师进行补充总结。找到3片叶子对应的3种植物，并在活动单上标对位置的学生，奖励学生自己制作一张卡片，为学生准备彩纸和压制好的"叶子"以及"花"（都是纸质的），压好的"叶片"有单叶也有复叶，继续加强单叶和复叶的概念（图5）。为完成任务（至少找到一片叶子）的学生在活动护照上加盖印章。

图5　制作卡片

4　可能出现的问题及解决预案

4.1　可能出现的问题

学生看完魔术后，拿着活动单只找到一种植物就被室外诸多因素干扰而兴趣转移。

4.2　解决预案

随时激发学生的兴趣，鼓励并帮助他们解决困难，树立信心。

5　预期效果与呈现方式

通过这次活动，提升学生对植物叶片观察的兴趣，培养学生的记忆力和方位感；通过这次活动，学生对植物叶片更加了解，进而去爱护植物。

6　效果评价标准与方式

（1）学生、家长访谈。活动结束后，对部分学生、家长进行访谈，主要包括对活动的整体感觉、知识内容、教师教法等方面。

（2）教师自评。通过对学生在活动过程中的参与意愿，学生实践、互动环节的表现以及学生完成任务的情况进行评测；教师回放录像，自我评测。

7　对青少年益智、养德等方面的作用

（1）实践活动是科学的基础之一，也是小学科技活动教学的基础。事实证明：科学素质形成的基础是实践，科学才智的形成需要实践。小学生在独立观察和找寻叶片的过程中看到了自身的力量，体验到了主体的感觉，享受了自主的乐趣，也体验到成功的快乐。

（2）本方案活动培养小学生对植物探究的兴趣，养成良好的科学态度，观察不同叶片的形状，体验其中的美。

（3）整个活动中鼓励学生独自进行，不让家长帮忙，培养学生独立解决问题的能力，为他们未来能适应社会、幸福地生活打好基础。

拓印美丽自然——植物敲拓染*

1 背景与目标

1.1 背景

进入 21 世纪，孩子们的课余时间大多被电视、电脑或游戏占据，与户外大自然的接触越来越少，所带来的诸如抑郁、多动、无聊以及孤独等负面影响（人们称之为"自然缺失症"），日益受到人们的关注。儿童是自然之子，大自然在儿童的精神成长中扮演着重要角色。在大自然中多感官体验、探索为核心的自然教育能够使孩子们在大自然里汲取能量，获得身心的健康发展，是"自然缺失症"的对症之药。

本项活动借助北京教学植物园丰富的植物资源，采用自然观察和敲拓染手工制作相结合的多感官体验法，使孩子们亲身发现、感受植物的形色之美、生存之智。一方面锻炼孩子对自然世界的探索、感知、内化，促进感知觉发展，另一方面增进孩子与大自然的情感联结，培养孩子保护自然、可持续利用大自然的意识，符合国家倡导的加强学生实践、探究和生态文明教育的要求。活动内容上与小学科学课"植物的构造""植物的生命活动"有衔接，形式上也符合"小学生通过感官感知周围的世界进行学习，会享受因使用不同艺术形式和媒介来表达其想法和感情而得到的乐趣"这样的学习特点。

1.2 目标

1.2.1 知识目标

（1）练习运用多感官体验法观察、感受、辨识几种植物，能够用自己的语言描述它们的形态和色彩特征。

（2）通过对植物形态和生活环境的观察，理解植物形态、结构、功能与环境的统一性。

（3）了解敲拓染色素印染的原理和保留植物美好形色的功能。

（4）掌握植物敲拓染的方法和步骤。

1.2.2 能力目标

通过运用多感官体验法感受、辨识、欣赏植物，创作敲拓染艺术手帕，探究制作过程中的有趣现象，培养孩子的观察力、感受力、思考力和创造力。

---

*注：此项目获得第 35 届北京青少年科技创新大赛"科技辅导员创新成果竞赛科技教育方案类"二等奖。

1.2.3 情感目标

（1）增进学生与美好大自然的情感联结。

（2）通过有节制地利用植物材料，培养学生可持续地利用大自然的意识和行为。

2 方案涉及的对象和人数

（1）对象：活动对象为北京教学植物园特色科普活动"绿色北京——青少年自然体验活动"的参与者，年龄在 6~12 岁。

（2）人数：每次 30 人，累计达 1000 人次。

3 方案的主体部分

3.1 活动内容

活动在"六一"儿童节节日期间，在北京教学植物园内进行。首先请学生欣赏用敲拓染的方法印染的手帕和布艺，激发出学生浓厚的兴趣和参与活动的热情。然后进一步使学生了解敲拓染色素印染的原理和保留植物美好形色的功能。随后带领学生体验敲拓染的方法，感受艺术创作的魅力。由于植物材料比较丰富，活动过程中，教师注意引导学生发现什么样的叶片（种类、新老）拓染效果好，并留意一些有趣的现象，如叶面和叶背拓染效果有何不同、拓染后颜色是否会发生变化等。作品完成以后，进行分享活动，使学生获得自信和满足感。最后引导学生继续运用多感官体验法感受、辨识、欣赏植物，在植物的生活环境中，了解植物的生存之智，感受植物的形色之美。

3.2 重点、难点和创新点

3.2.1 重点

（1）以几种植物为例，使学生尝试运用多感官体验法感受、辨识、描述植物的特征。

（2）掌握敲拓染的方法，拓染出轮廓脉络清晰、色彩鲜亮的图案。

3.2.2 难点

掌握敲拓染的方法，拓染出轮廓脉络清晰、色彩鲜亮的图案。

3.2.3 创新点

本项活动以互动式、体验式的形式，使学生利用多感官来体验植物形态与色彩之美，增加了自然教学的深度和趣味性。

3.3 利用的各类科技教育资源

（1）场所：北京教学植物园。

（2）资料：书籍和网络中有关参考资料。

（3）器材和用具：活动介绍展板、作品展示板、锤子、白色棉布手帕、植物叶片和花瓣（孔雀草、美女樱、凤仙花、紫叶小檗、酢浆草、彩叶草）、保鲜袋（避免植物材料干燥）、桌椅、桌垫（保护桌面）、纸巾、小型垃圾桶。

3.4 活动前期准备

（1）查阅文献、资料，制订活动方案。

（2）准备教具：购买材料；制订手帕、布艺装饰等敲拓染作品；制作色素种类教具，设计展板。

（3）确定植物材料：依叶形、叶色选择了孔雀草、美女樱、凤仙花、紫叶小檗、酢浆草、彩叶草等，为孩子创作敲拓染作品提供多种选择。

（4）安排活动场地：温室区活动教室和室外园区。

3.5 活动过程和步骤

3.5.1 赏作品、探原理

教师展示手帕、布艺装饰等敲拓染作品（图1），激发学生的兴趣和参与活动的热情。借助植物色素教具，由表及里，引导学生了解植物丰富的色彩正是源于其身体里所包含的色素，敲拓染依此保留了植物的形色之美。

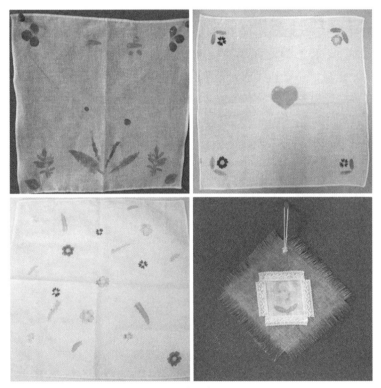

图1　敲拓染作品

3.5.2 识用材、学步骤

用材很简单，即一把槌子和一块白色棉布手帕。所选用植物依次亮相，教师简单介绍它们的名称和最显著的特点，只给学生留下初步印象，不做记忆要求，以免增加学生心理负担。这里要提醒学生，根据自己的构思，植物材料用多少取多少，勿贪多、勿浪费，培养学生有节制地利用大自然的意识。

（1）教师示范敲拓染的步骤。

①将手帕铺于桌垫上。

②将植物摆放在手帕适当位置。

③将手帕折起盖住植物，对角或对边折形成镜像效果（提前构图很重要）。

④用锤子轻轻敲打，保持力度均匀，目测手帕上的图案效果。另一手要压住纸巾，避免植物或纸巾移动。

⑤揭去叶片花瓣残骸。

（2）讲解注意事项。

①拓染时，另一手要压住手帕，避免手帕移动。完成以前，最好不要掀开手帕，避免图案错位。

②要有耐性，不能因着急而过分用力，否则会使得叶片内的汁液一下子流出过多而使轮廓、叶脉模糊，破坏拓染效果。

③不要同时染好几个图案（容易移动），要一个一个进行。

④一个月以后，植物色素与手帕纤维结合稳定后，才可清洗。

3.5.3 细观察、巧构思，敲出美丽小手帕

领取植物材料以后，教师先引导学生仔细观察植物素材的形状、色彩，进行构图。图案可以是对称的，也可以是随机排布的。可以有主题，也可以无主题，随意而发。学生在构思的过程中，要仔细观察，运用已有的经验储备，再借助发散性思维和想象力才能完成这个任务。

接下来就真正进入到"敲""染"的环节（图2）。教师注意巡视，个别指导。年龄

图2　敲拓染环节

小的孩子要反复提醒锤子的使用安全；年龄大的孩子，则提醒力度的掌握，用力不能过大。这也是孩子们最喜爱的环节，敲拓的"铛铛"声不绝于耳，孩子们陶醉其中，尽享艺术创作的魅力。

　　由于植物材料比较丰富，此时教师还要注意引导学生发现什么样的叶片（种类、新老）拓染效果好，并留意一些有趣的现象，如叶面和叶背拓染效果有何不同、拓染后颜色是否会发生变化等。

　　敲拓染工序完成以后，教师组织分享作品，使孩子们在老师和伙伴们的赞叹声中得到满足，在欣赏和交流中得到提高（图3）。

图3　分享作品

活动到这里并没有结束，通过提问"你的手帕上用到了哪些植物？你能在园中找到它们吗？"将学生带入到下一个环节。

3.5.4　多感官亲密接触植物

　　在敲拓染环节通过形状、色彩、质感、气味接触植物的基础上，教师带领学生在园区里寻找刚才用到的植物，引导学生采用多感官体验法进一步感受、辨认、欣赏植物。比如，用眼睛观察植物自然的形态与色彩，用手指触摸它们的质感，用鼻子嗅闻它们的气味，等等。引导学生留意植物的生活环境，了解植物适应环境的生存智慧，并通过介绍使学生认识到植物与人类密不可分的联系。用多种感官进一步亲密接触植物的方式，给学生留下亲身的、更为深刻的直观印象，促使学生感觉、知觉得到更好的发展，感恩美好大自然的情感得到进一步提升。

4　可能出现的问题及解决预案

　　活动中可能出现的问题及解决预案见表1。

表1　活动中可能出现的问题及解决预案

可能出现的问题	解决预案
学生年龄跨度大，有小学低、中、高年级，甚至学前儿童	将年龄相近的分在一组，教师巡视时，对不同的组进行分别指导。对年龄特别小的学生，以亲子的方式进行
有的植物拓染效果特别好，但存在安全性问题，如紫叶小檗枝条长有尖刺，容易扎手	提醒学生小心摘取叶片，或者教师提前把叶片取下，放入保鲜袋保存

（续）

可能出现的问题	解决预案
敲拓的过程中，学生可能会被锤子砸到手指	反复提醒学生注意锤子的使用安全，锤子不要抬起太高，也不要用力过猛。注意拇指和食指张开角度，按压住植物的两侧，给锤子留出比较大的空隙
户外自然观察过程中的意外事件	活动前做好排查工作，活动中时时提醒学生注意安全，尤其一些有刺、有毒植物，注意强调说明

5　预期效果与呈现方式

5.1　预期效果

（1）学生会尝试用多感官体验法感受、辨认、欣赏不同的植物，能描述几种植物的形态、色彩特征。

（2）学生学会用植物敲拓染的方法印染富有艺术个性的手帕。

（3）学生有兴趣探究敲拓染过程中遇到的有趣现象。

（4）学生能有节制地使用植物材料。

5.2　呈现方式

（1）经敲拓染的个性化手帕。

（2）师生互动中的反馈。

（3）学生的活动感言。

6　效果评价标准与方式

（1）过程观察法：教学过程中，观察学生是否一直保持浓厚的兴趣，学生是否能按要求完成作品。

（2）问卷调查法：利用调查问卷调查活动的受欢迎程度。

7　对青少年益智、养德等方面的作用

本活动借助北京教学植物园丰富的植物资源，采用综合自然观察和敲拓染手工制作的多感官体验法，使孩子利用多种感官来感受、体验自然，探索身边多彩的植物世界，获取新的知识与能力，在大自然里汲取能量，得到身心的健康发展。

本活动能够在实践、体验的基础上，增进孩子与大自然的情感联结，培养孩子保护、可持续利用大自然的意识，符合国家倡导的加强学生实践、德育和生态文明教育的要求。

草木印染——"识草木·玩印染"户外主题教育活动*

1 背景与目标

1.1 背景

1.1.1 社会背景分析

草木印染在我国具有悠久的应用历史，早在 4500 多年前的黄帝时期，人们就开始利用植物的汁液染色；到明清时期，染料植物种植和植物印染工艺达到鼎盛时期；但 1856 年合成染料诞生之后，草木印染曾经一度被人们所忽视。进入 20 世纪 90 年代，随着人们环境意识的增强，草木印染又重新引起了人们的重视。草木印染不仅仅是一种生态环保的印染技艺，更是一种文化的象征。中国传统草木印染的演进、嬗变是伴随自然界和人类社会的发展进程而变化的。目前，草木印染已被列为国家级非物质文化遗产之一。近年来，以植物的叶、花、果壳、农副产品废弃物等作为原料的草木印染不只拘泥于服装、面料、家纺等传统设计，还应用于植物染绘画、环境装饰、装置艺术及其他艺术创作方面。从环境保护、审美趣味的多样性以及文化生态学几个视角来看，草木印染均有其独特的价值，与十八大提出的弘扬中华优秀传统文化，尊重自然、顺应自然、保护自然的生态文明建设理念相契合。

1.1.2 校内课程背景分析

《小学科学课程标准》生命世界部分指出"要让学生接触生动活泼的生命世界……要让学生了解当地的植物资源，能意识到植物与人类生活的密切关系"。《小学语文课程标准》中指出"认识中华文化的丰厚博大，吸收民族文化智慧。关心当代文化生活，尊重多样文化，吸取人类优秀文化的营养，提高文化品位"。同时，新课程实施以来，课程的价值取向由以知识为中心转移到了学生的全面发展上，提出了课程内容选择与自然、生活、社会实践相联系，使自然、生活、社会成为课程资源。本活动综合自然资源、社会文化及学生生活经验，采用自然体验式教学活动的形式，创设有助于学生自主学习、主动探究的学习情境，使学生通过亲身体验的过程，感悟植物之美、发现自然美学、品味原色生活、了解非物质文化遗产。潜移默化中感知自然与人文的协调统一，构建人与自然和谐统一的环境友好型人格，是校内课程的有效延伸。

---

*注：此项目获得第 35 届北京青少年科技创新大赛"科技辅导员创新成果竞赛科技教育方案类"一等奖、第 30 届全国青少年科技创新大赛"科技辅导员创新成果竞赛科技教育方案类"二等奖。

1.1.3 学生学情分析

小学儿童思维的基本特点是从以具体形象思维为主要形式逐步过渡到以抽象逻辑思维为主要形式。但是这种抽象逻辑思维在很大的程度上，仍然是直接与感性经验相联系的，仍然具有很大成分的具体形象性。合理利用资源引导学生开展自主探索、动手实践相结合的科普活动，有利于激发其学习和探索的兴趣；对其科学探究思维能力、创造思维能力的培养具有重要意义。

1.1.4 场馆资源分析

户外教育是以室外环境作为课堂开展的一种旨在通过实践获取知识的教育。它是通过受教育者对所处环境的感知理解，产生与环境相关联的情感反应，并由此生成丰富的联想和领悟，在心理上、情感上、思想上逐步形成认识从而达到教育目的的一种教育方式。教学植物园拥有丰富的植物资源与开展教学的辅助教具，是开展户外主题教育的理想场所，学生在这种环境中的亲身实践体验，有助于激发学习欲望，调动主动探索知识和发现问题的意愿，有利于深化了解植物与人类的关系。

1.2 目标

1.2.1 知识与技能

了解草木印染在中国的发展概况；说出至少 5 种可提取染料的植物名称，归纳出草木印染的优缺点；尝试绘制 1 种植物叶片形态特征图；掌握提取植物染料的基本方法。

1.2.2 过程与方法

学生通过查文献、听讲座等，多种手段、多种途径获取信息，整理、分析、处理信息的能力得到提高；通过寻找辨识染料植物，观察植物的能力得到实践与锻炼；通过小组合作的过程，团队合作能力得到提升；草木印染 DIY 的体验，手脑并用能力、艺术创造力得到培养；通过活动展示，学生创新思维、综合运用知识能力得到提升。

1.2.3 情感态度与价值观

通过亲身体验，认识到草木印染在传统文化与当今生态发展中的重要性、认同草木印染这项非物质文化遗产；形成废物利用、可持续发展的理念；培养对美的感受能力、鉴赏能力和创造力，丰富生活审美情趣。

2 活动设计思路

活动设计思路见图 1。

活动准备阶段

- 成立组织机构，合理进行人员分工，各司其职。
- 发布活动信息，对报名参加活动的学生进行问卷调查，并合理分组。
- 拟定活动方案、准备相关物品及材料。

活动实施阶段

- 草木印染有关资料搜集、整理。
- 举办相关专题的讲座、科普展览。
- 寻找、辨识染料植物。
- 动手实验提取植物染料。
- 草木印染DIY体验。

活动成果阶段

- 总结、交流、探讨。
- DIY作品秀。
- 活动成果宣传。

图 1　活动设计思路

3 方案涉及的对象和人数

小学四至六年级学生，这个阶段的学生求知欲强，对身边事物的感受力强，同时也具备问题探究能力。本项活动为系列活动，宜采用分班分组活动，多个班并列开展。

4 方案的主体部分

4.1 活动内容

本活动充分利用北京教学植物园室外植物标本区、探究实验室组织学生开展体验活动，以染料植物为载体，向学生传达自然与人文相统一、相协调发展的理念，培养学生科学探究思维能力、创造思维能力及亲身实践能力。整个活动的实施分6个阶段进行。

4.1.1 第一阶段："草木印染"查一查

引导学生利用网络、图书资源查找有关草木印染资料，了解草木印染应用历史、我国历史上应用的染料植物以及现代染料植物研究进展。

4.1.2 第二阶段："草木印染"充电站

为了加深学生对"草木印染"的认识与了解，展出图文并茂、生动活泼的科普展览；聘请专家讲解草木印染在当代印染行业的发展现状以及生活中草木印染的应用。在第一部分资料查询的基础之上，学生从展览、讲座中进一步分析、处理关于"草木印染"的知识，从而初步搭起知识框架，为后续活动奠定良好基础。

4.1.3 第三阶段：发现染料植物之旅

选取北京教学植物园的树木分类区作为活动区域，学生根据活动单和园区地图在园区中寻找2种色系5种染料植物。学生在找到这些染料植物之后需要仔细观察植物的形态，特别是叶片的细节，并为这些植物的叶片绘制形态特征图，根据活动单内容要求，从二维码植物信息库中获取相关信息。

4.1.4 第四阶段：植物染料提取探究

各组学生将收集来的洋葱皮、橘子皮、石榴皮等材料，在老师的指导下，在不同的媒染剂条件下进行植物染料提取过滤。通过这个过程，学生们学会简单地使用天平，体验水煮法提取染料的过程。

4.1.5 第五阶段：草木印染DIY

在这一个环节中，首先教师介绍并示范"扎"的几种基本技法、"染"的注意事项；随后，便进入学生最兴奋的体验时间，体验"扎""染"的乐趣。最后，教师向学生介绍回家后如何进一步处理在植物园中染好的作品。

4.1.6 第六阶段："草木印染"快乐分享

各小组通过手抄报、海报、实物作品以及艺术表演相结合的形式，汇报几次活动的收获，并介绍活动体会。

4.2　重点、难点和创新点

4.2.1　重点

（1）对文献信息知识的分析、处理。

（2）尝试绘制植物叶片形态特征图。

（3）不同媒染剂中植物染料的提取方法。

（4）认识到草木印染在传统文化与当今生态发展中的重要性，认同草木印染这项非物质文化遗产。

4.2.2　难点

（1）植物叶片形态特征图的绘制。

（2）植物染料的提取。

4.2.3　创新点

（1）内容的创新：本活动打破学科界限，将科学、文化、艺术相融合，向学生传递植物科学、民族文化、生活美学相关知识与技能；培养和发展学生自主探究、创新思维、动手实践的能力。

（2）形式的创新：在活动中引入了二维码，将其应用于活动相关的植物标牌、科普展板中，不仅增强活动的互动性与体验性，同时还使活动内容有所延伸。

4.3　利用的各类科技教育资源

4.3.1　场所

北京教学植物园树木分类区、探究实验室。

4.3.2　资料

网络、书籍、相关文献。

4.3.3　器材和用具

纯棉手帕、扎染布、蜡染布、蓝印花布；洋葱皮、石榴果皮、橘子皮、孔雀草干花；天平、电磁炉、染锅、大烧杯、玻璃棒、旧饮料瓶、棉线、针、剪刀、创可贴、插线板、明矾；活动单、展板、特殊标牌、铅笔等。

4.4　活动过程和步骤

4.4.1　活动准备

（1）确定活动主题，撰写活动方案、活动计划；发布活动通知。

（2）成立活动组织机构，协调领导、同事、校内外关系，与学生家长、相关专家取得联系，获取他们对活动的支持。

（3）根据学生报名情况及问卷回答情况，对学生进行分组。

（4）设计、制作展板、活动任务单。

（5）准备活动安全预案，落实安全管理工作。

（6）对活动场地进行现场勘察，准备活动道具及相关物品。

（7）准备纯棉手帕、扎染布、蜡染布、蓝印花布等各类活动用品。

4.4.2 活动主体阶段

4.4.2.1 第一阶段："草木印染"查一查

（1）活动导入。教师首先向到来的同学表示欢迎，并做自我介绍。然后，手里高举两瓶事先提取好的植物染料，采用拟人化、夸张的语气向学生问道"猜猜我是谁呢?"进行提问，激发学生的兴趣，引出本活动的主题"草木印染"。

（2）探索获取活动相关知识的途径。教师以打印好的文献《中国传统印染工艺"草木染"的传承与发展之路》为例，引出获得活动相关知识的途径——文献收集法。首先，向学生介绍利用百度、中文数据库《中国知网》等查询文献的方法，涉及查询地址、查询关键词（如草木印染、植物染料、天然染料）以及文献下载的操作方法；然后，引导学生亲身体验文献查询的方法，并要求每组通过两种方法分别获得关于草木印染发展历史、染料植物资源方面文献各一篇。

（3）文献阅读及整理。教师引导学生阅读文献并整理抄写相关关键内容，为后期制作小抄报奠定基础。

（4）交流分享。请每个小组派一位代表，汇报通过本次文献检索获取的相关知识，如"草木印染在我国应用的起源时间""哪些植物在我国历史上用来作为植物染料"等知识互相分享。通过交流分享，各组同学加深了解草木印染在传统文化中的作用，同时言语信息的获取、归纳能力得到锻炼。

（5）活动延续。要求每组同学，利用业余时间，在图书馆查询相关文献知识，比如现在草木印染在民间的利用情况等方面知识，为后续活动储备知识。

4.4.2.2 第二阶段："草木印染"充电站

为了加深学生对"草木印染"的认识与了解，展出图文并茂、生动活泼的科普展览，并根据展览内容制作观展导读的答题卡，提高观展效果；聘请专家讲解草木印染在当代印染行业的发展现状以及生活中草木印染的应用。本阶段为第一阶段活动的延续，都是相关知识的储备阶段，学生综合处理文献查询、展览、讲座中关于草木印染的知识，从而初步搭起知识框架，为后续活动奠定良好基础。

4.4.2.3 第三阶段：发现染料植物之旅

（1）猜猜我是谁。在秋意渐浓之际，选在北京教学植物园树木分类区举行本阶段活动。活动开始，教师先组织学生做热身游戏。首先，教师请每位同学在纸上写出一至两条自己的特征，如外貌、个性、兴趣爱好等，或者采用自画像的形式，画出自己的头像，并将纸条放在篮子里。然后，邀请几位同学随意抽取一张纸条并将上面的内容念给大家听（或者画者把画像展示给大家），让大家猜这是哪位同学。通过这个热身活动一方面可以加深同学们之间的认识，指出我们每个人有自己的关键特征，如单眼皮、双眼皮，大眼睛、小眼睛等，植物也一样，也有其识别的关键特征。由此，引出本阶段的活动任务，在园区中寻找、辨识染料植物。

（2）听规则领任务。首先，教师向学生介绍活动单的构成、学生需要完成的任务。然后，向学生介绍实施任务过程中可以借用的线索。接着，介绍园区方位与活动单中地图的关系。最后，要求学生自行分组准备实施任务。

（3）开启发现染料植物之旅。本阶段是学生自由观察、自主发现的过程，学生需要完成三个方面的任务。

①草木集色：学生需要在园区中找到至少2种色系5种染料植物，并能记录植物的名称、可提取染料的部位及可提取的色素。这一任务的实施学生需要通过二维码植物标牌来获取信息，有利于其对言语信息的获取、归纳能力的培养。

②画画叶片：学生对其找到的染料植物需要仔细观察，至少绘制一种染料植物的叶片特征图形。绘制过程中要注意叶片的长宽比例、叶片轮廓、叶片边缘、叶脉走向的大致结构。这一任务的实施有利于学生观察能力的培养、植物形态绘图能力的提高。

③草木印染——我有我的骄傲：采用拟人化手法与学生进行对白，让学生答出其认为值得传承草木印染的理由、草木印染的优点。这一任务的完成学生需要学生运用第一、第二阶段储备的知识，并加以归纳来完成，这一过程对其言语理解能力有所锻炼。

（4）分享交流。同学们在规定时间内完成活动任务，并在教师的组织下分享交流任务实施的情况。然后教师引导学生围绕"绘制植物叶片形态特征图需要注意什么？""植物与我们人类生活有怎样的关系？""草本印染有哪些优缺点？"展开讨论。本环节的安排，一方面是对活动中所获知识的复习与巩固，另一方面学生的语言表达能力得到锻炼。此外，学生对于草木印染在文化、生态发展中的价值有所思考，认同草木印染，进而能形成人与自然的协调统一的生态文明理念。

"发现染料植物之旅"实施活动照片见图2~图5。

4.4.2.4　第四阶段：植物染料提取探究

（1）活动导入。本阶段活动选在教学植物园探究实验室进行。教师以不同媒染剂提取的洋葱染液为例，引出不同酸碱的溶液对提取的植物染料色彩有影响，引出本次活动内容——"天然植物染料提取探究实验"。

图2　听规则领任务

图3　发现染料植物之旅

图 4　填写活动单

图 5　学生交流分享

（2）实验方法介绍。首先，教师向学生介绍活动所需器材。接着，教师介绍活动的原材料，即学生上次活动结束之后，在家里收集到的洋葱皮、橘子皮、石榴皮。然后，向学生提出本次染液配制的料液比浓度（1：10），使用的酸碱媒染剂（5%的 HCl、NaOH），以及水煮的时间长度、加注媒染剂的时间等操作方法，安全注意事项等。

（3）体验染料提取过程。各小组学生根据老师介绍的方法，体验从植物原料的清洗、称重、粉碎、加水、加媒染剂煮、溶液过滤、收集的全过程。整个过程需要约 2 小时的时间。在这个过程中，学生的探究能力、团体合作能力得到充分锻炼。通过亲身的实践体验，获得了"草木印染"植物染料提取的感性经验。

（4）交流分享。教师根据学生的实验结果，围绕"植物染料为什么会在酸碱溶液中呈不同色彩""不同的料液比浓度对染料色彩会有影响么"提出讨论。学生通过这一过程其科学思维能力得到进一步锻炼，同时可起到对第一、第二阶段活动储备知识的回顾和应用。

植物染料提取实验部分照片见图 6～图 9。

4.4.2.5　第五阶段：草木印染 DIY

（1）活动导入。首先，教师以活动场地悬挂的扎染、蜡染、蓝印花作品及一些图片向学生简要介绍草木染的应用情况以及这些作品染的技法。由此，激发学生的热情，邀请学

图 6　称重体验

图 7　"煮"的体验

图 8　染料过滤　　　　　　　　　图 9　染料收集

生体验草木印染 DIY 的乐趣。

（2）扎染 DIY。在教师的指导下，学生进入了"扎""染"的动手实践过程。在此过程中，学生的动手能力、想象力、艺术审美能力以及手眼协调能力得到锻炼，学生可以根据自己的喜好，设计不同的扎染图形，并付诸实施。染的过程由志愿者陪同学生操作，但此过程中教师、志愿者主要起示范作用及安全保障作用，以学生自主发挥为主。

（3）分享交流。教师组织学生就扎染中遇到的问题及所思所想进行交流分享。随后，教师向学生介绍回家后正确处理在本次草本印染 DIY 作品的操作事项，并倡导学生要善于发现身边的美，通过废物利用来装点生活，丰富兴趣爱好。

4.4.2.6　第六阶段："草木印染"快乐分享

在前 5 个阶段活动结束之后，便进入活动的最后阶段，即活动总结阶段，学生需要在半个月的时间，准备汇报活动收获、感想、体会、展望。可以采取手抄报、海报、实物作品以及艺术表演相结合等形式来展现，鼓励学生创新、大胆应用多种方式展示。活动的汇报总结，既能体现出学生对前几个阶段学习的收获程度，又能体现学生的创新思维，同时突出每个人在团队中价值。

草木印染 DIY 实验照片见图 10~图 15。

图 10　扎的体验　　　　　　　　　图 11　煮染体验

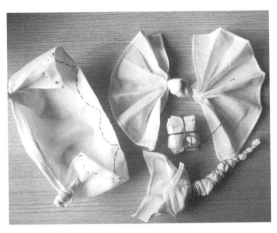

图 12 学生"扎"的作品

图 13 学生扎染作品

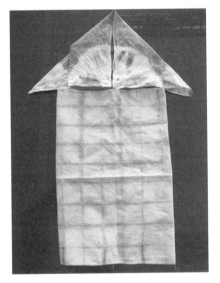

图 14 学生染的作品

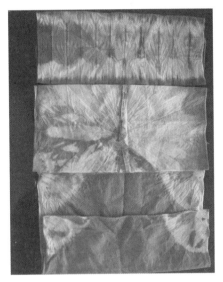

图 15 学生扎染作品

5 可能出现的问题及解决预案

活动中可能出现的问题及解决预案见表 1。

表 1 活动中可能出现的问题及解决预案

可能出现的问题	解决预案
学生在寻找染料植物的过程中，可能会迷路或者很难找齐需要的染料植物，从而中途放弃活动	事先在活动单上印制园区地图，并将相关植物在园中所处位置进行标注，便于学生找到相关植物，增强学生的成功感
学生在阅读展板时，可能在短时间内不容易抓住重点，把握核心内容，因而在回顾知识时有困难	教师事先准备展板导读问答，提取核心内容，加深阅读印象，为下一环节活动开展打好基础

（续）

可能出现的问题	解决预案
学生在绘制植物叶片形态特征图时可能只注意艺术美而忽略其科学性	教师以一幅叶片形态特征图作为示范，向学生简要介绍绘制植物叶片特征图的要领，并在桌面上放压制好的几种植物叶片标本，供学生返回时观察叶片结构，及时纠正绘图
学生在染的过程可能会表现出耐心不足，急于参加园区开放活动中的其他项目	在染之前，学生为自己的作品系好序号牌，染的环节学生体验操作10分钟，由志愿者来完成，待其参加其他活动之后，根据序号领取印染作品，缩短学生等待时间
活动中学生可能会出现摔伤、烫伤等安全隐患	事先制订全面合理的活动路线、安全预案；确定完善的现场工作人员分工；煮染的过程只安排高年级学生亲自体验，降低活动风险
酸碱媒染剂量取的过程，学生可能会把液体弄到身上	本过程由教师或志愿者负责完成，避免出现安全问题
本活动周期较长，对学生兴趣点要求较高，可能会出现部分学生不能坚持参加完活动	充分了解每位同学的兴趣和特点，采用小组分工协作的方法，争取调动全部学生参与活动的热情
活动展示当天，可能会有很多其他兴趣小组的同学前来围观，造成活动场面混乱	在室外园区活动，事先使用安全隔离带围出活动区域

6 预期效果与呈现方式

本活动是学生自主学习、自主体验和探究，教师引导的体验式教育活动，学生从活动中获得的知识、能力、感受、领悟、情感等，都是通过自主活动自觉产生。

6.1 预期效果

（1）学会中文文献的检索法。

（2）学会通过手眼协调，从植物的叶形等方面科学观察植物的特征。

（3）能够通过自主阅读材料，提取有用信息。

（4）关注民族文化，理解植物在人类社会发展中的作用。

（5）善于废物利用、发现身边的草木印染原材料，形成可持续发展的理念。

（6）自主探究能力、团队合作能力、创新能力能够得到提升。

（7）通过亲身体验，认识到草木印染在传统文化与当今生态发展中重要性。

（8）通过亲身体验扎染，对美的感受能力、创造能力得到发展。

6.2 呈现方式

学生的手抄报、活动单、扎染作品，学生汇报总结中自我观点的陈述与表达，学生与家长的活动感言，留言本，微博等信息反馈。

7 效果评价标准与方式

效果评价的依据是活动目标的达成情况，评价的主要目的是全面了解学生学习的过程和结果，激励学生学习和改进教师教学。通过评价所得到的信息，可以了解学生达到的水平和存在的问题，帮助教师进行总结与反思，调整和改善教学设计和教学过程。因此，要尽可能运用多元化的评估体系，本方案注重评价主体多元化、评价形式多元化。分别从对学生的评价与对教师的评价来进行评估，从活动组织实施的全过程给予评价。

7.1 对学生的评价

对学生评价的主体是教师、家长以及学生。教师对学生的评价主要采用行为表现评价法，对学生在活动中执行活动任务的独立性、探索的意愿、任务完成的情况以及交流分享的主动性等方面进行评价。通过对家长访谈的形式，了解家长对孩子的评价。学生通过自评及小组成员评价，对他在活动中获得的科学知识、方法，以及由此产生的新的认识进行评价（表2）。

表 2 学生评价表

评价对象＿＿＿＿＿＿＿＿   评价主体：学生（自评、他评）

序号	评价项目	优	良	中	差
1	检索查询文献的能力				
2	活动中能够正确认识的植物数量				
3	通过阅读标牌、展板科普讲座提取信息的能力				
4	参与活动态度				
5	独立完成任务情况				
6	团队合作意识				
7	自主探究小问题的能力				

7.2 对教师的评价

对教师评价的主体是学生、家长、其他教师及教师本人。通过学生、家长留言、访谈，及学生微博、微信对教师在教学中的表现，教师实施活动的创新性、科学性、对学生产生的影响等方面进行评价。其他教师采取观摩的形式，主要对教学活动组织的有效性、教学目标的完成情况来进行评价。教师进行活动录像回放，分析学生任务单，总结学生活动中的参与情况，评价整个活动过程是否具有科学性、创新性、可操作性和服务性，是否实现了预期效果，是否达到了培养目标。

8 对青少年益智、养德等方面的作用

本活动应用户外主题式教育的绿色教育理念，注重学生与自然的接触，通过学生置身于情境中的亲身经历，在体验、探究中不断自我总结、反思、概括，自觉获取来源于实际生活的绿色科学知识及科学理念，主动激发对自然科学的探究兴趣，对民族文化、环境问题的关注与思考，培养勇于创新的自主学习精神。同时，活动自始至终引导学生认识到植物与我们的生活密不可分，植物在人类社会发展中的重要作用，认识到植物是民族文化与生态建设的重要载体，能够自觉建构保护生态环境的理念。倡导学生建构人与自然和谐共处、人与自然和谐统一的生态文明理念，创建废物利用、可持续发展的绿色生活方式。另外，团队协作能力对人的生存和发展有着重要的意义，良好的团队协作能力是高素质人才所必备的。在本活动中，安排学生分组活动，小组成员之间配合完成任务，对学生的团队协作能力有一定的培养。从整体上来说，本活动符合我国现阶段的教育方向，坚持以人为本、全面实施素质教育，努力将青少年培养成为德才兼备、适应社会发展需要的国家创新型人才。

参考文献

李维贤，聂贵花. 从近年作品看植物染在丝绸设计中的应用 [J]. 丝绸，2014，51（10）：50-60.

林崇德. 发展心理学 [M]. 北京：人民教育出版社，1995.

王仲杰，卢晓华. 浅论体验式教育的功能 [J]. 青岛大学师范学院学报，2002，19（4）：56-57.

1 背景与目标

1.1 背景

1.1.1 社会背景分析

农业在人类文明发展史上发挥重要作用，是人类赖以生存的基础。伴随城市的发展，农业离我们越来越远。现代的城市文明，更需要接近自然，接近农业。农事生活渗透出人类的勤劳和智慧、人与自然的和谐。有人认为，缺少农事体验的教育是残缺的、不完美的，因为从城市人们需求的视角来看，久居城市的人们渴望了解农业的奥秘及农村的生活方式，农家院体验甚至成为城市人们假期的渴望。对生活在城市里的孩子来说，农事体验，可以让他们从小接触农业，尊重农民劳动，珍惜现代生活，深入了解"粒粒皆辛苦"的内涵。

2013年习近平总书记视察北京学生管理中心时指出："实现我们的梦想，靠我们这一代，更靠下一代。少年儿童从小就要立志向、有梦想，爱学习、爱劳动、爱祖国，德智体美全面发展，长大后做对祖国建设有用的人才。"习总书记的讲话着眼于国家和民族的未来、着眼于中国特色社会主义事业的永续发展、着眼于中华民族伟大复兴的宏伟大业，为当代青少年的健康成长指明了方向。特别是总书记要求青少年爱学习、爱劳动、爱祖国，体现了党和国家对青少年的关心爱护和殷切期望，对于当代青少年打好知识根底、提高业务技能、塑造优良品格，锻炼成为中国特色社会主义事业的合格建设者和可靠接班人具有重要意义。对青少年儿童进行学农事体验教育，让学生获得劳动的切身体验，认识到"粒粒皆辛苦"，从而真正形成尊重劳动人民和劳动成果的思想感情。让学生在继承传统优良品德时培养孩子的艰苦朴素精神，达到知识与能力、过程与方法、情感态度与价值观的统一。

1.1.2 校内外教育背景分析

素质教育是校内各学科课程的基本要求，也是教育的最终目的，各学科都要求渗透STS教育思想，课程的价值取向由以知识为中心转移到了学生的全面发展上，要求课程内容选择与自然、生活、社会实践相联系，使自然、生活、社会成为课程资源的主要来源。

---

*注：此项目获得第36届北京青少年科技创新大赛"科技辅导员创新成果竞赛科技教育方案类"二等奖。

《全民科学素质行动计划纲要》在未成年人科学素质行动中指出开展多种形式的科普活动和社会实践，培养社会责任感以及交流合作、综合运用知识解决问题的能力。中国传统的农事体验，体现了中华文化的丰厚博大，是中国劳动人民的智慧体现。本活动运用非学科的主题式综合体验活动方式，使学生通过亲身体验的过程，感悟劳动和农业知识。

1.1.3　学生学情分析

玉米粥多数孩子都品尝过，但很少有人会思考，玉米粥是如何得来的，孩子们天性存在好奇心，玉米棒是如何变为玉米碴粥的呢，充分利用孩子好奇心强的特点，调动活动积极性，在活动和体验中增强学习有关农业的知识。从学生的思维方面分析，小学儿童思维的基本特点是从以具体形象思维为主要形式逐步过渡到以抽象逻辑思维为主要形式。抽象逻辑思维在很大的程度上，仍然是直接与感性经验相联系，体验式活动可以把感性认识与理性认识结合起来，能更深入理解活动的内容。

1.1.4　场馆资源分析

北京教学植物园是全国唯一为中小学生开展相关学科教育教学活动的植物园，拥有丰富的植物资源，其中栽培展示蔬菜、农作物 150 余种，北方农村常见作物在这里都能亲身看到。学生在这种环境中的亲身实践体验，非常有助于激发学习欲望，调动主动探索知识和发现问题的意愿，有利于深化认识农业，培养劳动意识。创设良好的教学环境，能起到事半功倍的教学效果。

1.2　目标

1.2.1　知识

能说出在称量、脱粒、碾磨、过筛等各种农事体验过程中，所用到农具的名称。

1.2.2　技能

体验称量、脱粒、碾磨、过筛过程各农具的使用方法，完成半碗玉米碴子的制作。

1.2.3　情感态度与价值观

通过亲身体验，认同农业文化；形成劳动也是快乐的理念；激发对劳动和农民的热爱，增强珍惜粮食的情感。

2　方案涉及的对象和人数

（1）对象：小学三至六年级学生。

（2）人数：每班次 20~30 人。

3　方案的主体部分

3.1　活动内容

本活动在北京教学植物园的作物区（最理想环境）或树木分类区实施（活动场地比较大），整个活动分为 6 部分活动内容：第一部分，参观作物区、认识玉米、了解活动主题；第二部分，玉米机械脱粒；第三部分，认识手秤，给玉米称重；第四部分，玉米粒碾磨；第五部分，玉米碎粒过筛；第六部分，完成作品，呈交半碗碴粒。

3.1.1 了解主题，认识玉米

组织学生现场参观作物展区，需要学生认识玉米，重点介绍玉米用途，初步了解玉米粥从玉米最后变成成品粥需要的环节。首先，教师带领学生参观农作物植物种植展区，由饭桌上的主食，引导学生找到玉米所在区域。然后，教师由饭桌上的玉米碴粥这一线索，引出本次活动制作碴粥所需要经过的过程，先让学生有个感性的认识。再介绍玉米的发展文化背景，加深学生对玉米的认识，增强珍惜粮食的情感。最后，教师带领学生到指定的活动区域。

3.1.2 玉米棒脱粒

首先，每人分发或领取一个玉米棒，根据人数分组，一般7~8人一组，一个班分为4组比较合适。分组结束，每组领取筐笭，收集玉米粒使用。然后，玉米机械脱粒机使用，教师先演示玉米脱粒机使用要领，指出脚的位置、作用和手柄转动的方向与玉米棒的关系，学生各自脱落，各组收集玉米粒。

3.1.3 称重，认识秤

首先，教师讲解秤的知识，告知手秤的结构名称及秤的原理；演示手秤的使用和秤星读数，然后组织学生称量各组玉米，老师指导。然后各组命名，每组以重量为名。

3.1.4 石磨的使用

各组分发套袖和围裙，老师介绍石磨的知识，演示石磨的使用，告知使用注意事项，强调石磨的次数与玉米颗粒大小的关系。各组进行碾磨体验，老师规定每人10圈一次，保证每个学生都能体验到碾磨过程。

3.1.5 过筛，面粒分离

老师演示筛的使用，展示使用技巧，各组用笭筐收集玉米面，用碗收集玉米粒。

3.1.6 作品提交，交流总结

以组为单位，提交半碗碴子，用斗或筐笭收集各组提交的玉米粒。老师组织学生解脱套袖和围裙，进行活动小结，最后活动结束。

3.2 重点、难点和创新点

3.2.1 重点

（1）能说出在称量、脱粒、碾磨、过筛各农事体验过程中，所用农具的名称。

（2）体验称量、脱粒、碾磨、过筛各农具的使用方法。

（3）通过亲身体验，认同农业文化，培养劳动也是快乐的理念。

3.2.2 难点

（1）筛的使用。

（2）秤星的读取。

3.2.3　创新点

（1）内容的创新：本活动打破学科界限，将农业知识与传统农事体验文化相融合，以学生饭桌上熟悉的玉米粥为起点，把玉米粒到玉米渣生产过程作为主线，贯穿整个活动。

（2）形式的创新：活动中采取老师演示，学生亲自体验的方式，在亲身体验中了解农事，增强对农业文化的认识，培养热爱劳动的情感，相对讲解教学而言，整个教学活动收到事半功倍的效果。

3.3　利用的各类科技教育资源

3.3.1　场所

北京教学植物园的作物区或树木分类区实施。

3.3.2　农具（4组）

（1）主体农具：脱粒机、秤、石磨、筛（网眼不能过细）。

（2）辅助农具：笸箩、塑料袋、瓢、核桃（可用树枝代替）、塑料刷、斗、塑料碗。

3.3.3　学生保护

手套、套袖、围裙。

3.3.4　主要材料

玉米棒（可带苞叶）。

3.4　活动过程和步骤

3.4.1　第一阶段：活动准备

（1）确定活动主题、撰写活动方案、活动计划，发布活动通知。

（2）成立活动组织机构，协调领导、同事、校内外关系。

（3）农具选择，不同类型农具的对比选择，从安全方便操作的角度确定农具类型和样式。

（4）准备活动安全预案，落实安全管理工作。

（5）对活动场地进行现场勘察，熟悉作物区种植情况，相关物品和道具的入场。

（6）辅助教师的培训及分工，每个老师将要带领一组。

（7）带队老师预体验活动，明确体验活动关键环节及安全隐患点。

3.4.2　第二阶段：活动主体阶段

（1）参观作物区，认识玉米，熟悉活动主题。活动正式开始之前，教师首先向到来的同学表示欢迎，并做自我介绍。然后，告知活动主题"半碗碴粥"，并详细讲解活动内容，先讲解粥，为了调动学生积极性，可以以问题的形式引进教学内容，饭桌上有哪些"粥"，在学生的回答中，抓住"玉米粥"，北方人常把玉米粥称作碴粥，让学生明白碴粥的意思，即破碎的玉米粒粥，再突出主题，告知学生的任务是制作半碗碴粥。活动之前要先认识玉米，接着引入认识玉米的环节，讲解玉米的基本知识（来自美洲，是北方常见粮食作物）。接着让学生思考如何才能把玉米地中的玉米棒变成玉米粥，在学生的回答中，老师要告知学生一些农业基本知识，如收取玉米棒称作秋收，同时归纳出碴粥制作的基本流程包括去苞片、晾干、脱粒、碾磨、过筛等环节。学生了解基本环节后，介绍下玉米的文化和重要的经济地位，培养学生珍惜粮食的情感。最后带领学生进入活动场地，开始活动之旅。

（2）玉米脱粒。首先，根据参加的人数情况进行分组，每组不超过 8 人，保证参加活动的学生都能体验到各个活动环节，每组配备一个辅导老师或自愿者。一般 7~8 人一组，一个班分为 4 组比较合适。分组结束，每人分发或领取一个玉米棒，同时每组领取筐箩，收集玉米粒使用。然后，进行玉米机械脱粒机使用讲解。教师先演示玉米脱粒机使用要领，指出脚站位置的作用和手柄转动的方向与玉米棒的关系，让学生观察到错误方向会带来的后果，同时理解脱粒机脱粒原理。最后，组织学生各自脱粒，每人把自己手中的玉米棒进行脱粒，各组用箩筐收集玉米粒。

（3）给玉米粒称重，认识秤。为了称量方便，组织学生将各组箩筐内的玉米粒，装入塑料袋中（活动中用的是钩秤）。首先，教师取出一个钩秤，逐一介绍秤的各部名称，如秤钩、秤砣、秤星，重点讲解秤星的读数方法及意义，这里老师可以介绍一下古代秤星的含义，进行道德教育。秤星必须是白色或黄色，不能用黑色，比喻做生意要公平正直，不能黑心。如果商人给顾客称量货物少给 1 两（1 两 = 50 克，余同），则缺"福"；少给 2 两，则表示既缺"福"还缺"禄"；少给 3 两，则"福""禄""寿"俱缺，所以做人不能"缺斤少两"。然后实例演示手秤的使用和秤星读数，为了避免秤砣滑落，详细演示预称时手的位置，最后小考一下秤的知识，如现在的秤只能称 5 斤（1 斤 = 500 克，余同），如果想称 10 斤的物品，如何解决。学生理解无异议后，每组领取一杆秤，每人称量一下各组玉米，老师旁边指导，留意秤砣是否会滑落。然后各组报组名，每组的名字以重量为名，如称 3 斤 2 两，队名就叫 3 斤 2 两队。

（4）石磨的介绍和使用。首先，各组领取套袖、围裙、手套，每人一套，穿戴整洁后，把学生带到石磨旁。对照石磨老师逐一介绍石磨的各部分，两块相同的圆石，我们称磨盘，并不是简单的圆石，让学生观察到磨齿的存在，让学生自己推测他们的作用，老师给予正确的重复。老师推磨杆，让学生观察上下盘磨的相对变化，即观察到下扇为不动盘，上扇为转动盘。告知使用注意事项，推杆速度不需过快和手不要接触磨盘之间，强调石磨的次数、速度、进料量与最后磨出的玉米颗粒大小的关系，可以使用核桃或树枝调整进料量。最后，老师组织各组进行碾磨体验，规定每人一次 10 圈，保证每个学生都能体验到碾磨过程（图1）；玉米碴粒超过预

图 1　学生体验碾磨过程

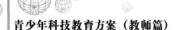

期大小的，组织学生再磨一次，最后到达要求。

（5）收集玉米粒，过筛，面粒分离。老师演示如何用塑料刷收集磨碎的玉米碴面，从一侧慢慢清理，最后用筐笤收集。学生完成各自收集后，老师演示筛的使用技巧，一面动，一面不动，平行运动，用手震动，把面筛出，把玉米粒留下。演示完成后，各组过筛，用笤筐收集玉米面，用碗收集玉米粒。

（6）作品提交，交流总结。以组为单位，提交半碗碴子，老师收集时可以问些活动问题，如哪个活动对你最难，大一点的孩子可以问他，从玉米种子到得到碴子需要多长时间或几个步骤。各组提交完后，组织学生解脱套袖和围裙，进行活动小结，重新统一回顾一下今天的活动环节。

4 可能出现的问题及解决预案

活动过程中可能出现的问题及解决预案见表 1。

表 1　活动过程中可能出现的问题及解决预案

可能出现的问题	解决预案
秤的使用，秤砣滑落；不会读秤星	老师演示时强调预称时右手三指的位置，推动秤砣
玉米棒脱粒时无法向下前进；脱粒机不稳定	调整转轮方向；与转轮的手相对脚，踏稳脱粒机下横杆
石磨磨碎后玉米粒过大	有 3 种方法：①推磨速度不要过快；②增加核桃个数，减少进料量；③增加磨碎次数或加重上磨盘重量
过筛困难	教师演示时，强调增加手振的技巧
玉米面飞扬	禁止孩子打闹；活动时间避开早春与晚秋
安全问题	提前制订安全预案，教师提前预活动，体验容易产生危险的细节

5 预期效果与呈现方式

5.1 预期效果

本活动是学生为主体，教师引导的农事体验式教育活动，学生从活动中获得的农业知识、能力、感受、领悟、情感等，都是通过亲身活动自觉地产生的。学生通过参加这种活动获得的预期效果如下：

（1）了解玉米形态、产地基本信息。

（2）知道玉米粥是如何制作而来的。

（3）能够认识秤、脱粒机、石磨、筛等农事体验过程中所用农具及其作用。

（4）能够体验劳动是一种快乐。

（5）通过与农事的亲密接触，感受农业美丽，认识到农业在人类生活中的重要性。

（6）完成半碗玉米碴子的制作，团队合作能力能够得到提升。

（7）激发对劳动和农民的热爱，增加珍惜粮食的情感。

5.2 呈现方式

活动中的问题解决能力、各种体验活动的完成及成品的提交。

6 效果评价标准与方式

效果评价的依据是活动目标的达成情况，评价的主要目的是全面了解学生学习的过程和结果，激励学生学习和改进教师教学。通过评价所得到的信息，可以了解学生达到的水平和存在的问题，帮助教师进行总结与反思，调整和改善教学设计与教学过程。因此，要尽可能运用多元化的评估体系，本方案注重评价主体多元化、评价形式多元化。分别从对学生的评价与对教师的评价来进行评估，从活动组织实施的全过程给予评价。

6.1 对学生的评价

对学生评价的主体是教师和学生。教师对学生的评价主要采用行为表现评价法，对学生在活动中执行活动任务的独立性、意愿、任务完成的情况以及合作等方面进行评价。学生通过自评及小组成员评价，对他在活动中获得的科学知识、方法，以及由此产生的新的认识进行评价（表2）。

表 2　学生评价表

评价对象_____　　　　　　　　　　　　　　　　　评价主体：学生（自评、他评）

序号	评价项目	优	良	差	选项
1	独立完成农事体验环节	A. 全部	B. 2~3 个	C. 1 或 0 个	
2	老师问题的反馈	A. 快速准确	B. 较为准确	C. 有待努力	
3	参与活动态度	A. 积极热情	B. 态度一般	C. 较差	
4	完成任务情况	A. 好	B. 一般	C. 差	
5	团队合作意识	A. 强	B. 一般	C. 差	
	综合评价				

6.2 对教师的评价

对教师评价的主体是学生、其他教师及教师本人（自我反馈）。通过学生对教师在教学中的表现，及活动的创新性、科学性等方面的评价（表3）。其他教师采取观摩的形式，主要对教学活动组织的有效性、教学目标的完成情况来进行评价，避免教师自我"感觉良好"。总结活动中的教师组织和准备情况及目标达成情况，评价整个活动过程是否具有科学性、新颖性、可操作性，活动是否实现了预期效果，活动是否达到了培养目标，活动中哪些环节还有待提高，学生是否在活动中增强对劳动和农业的感性认识，总而言之为活动的反馈提高，改进教师教学能力服务。

表3　教师评价表

序号	评价项目	优	良	差	选项
1	活动喜欢程度	A. 非常喜欢	B. 一般	C. 没意思	
2	组织是否有序	A. 非常有序	B. 一般	C. 较差	
3	是否喜欢带队老师	A. 喜欢	B. 一般	C. 没感觉	
4	活动有4个环节，喜欢哪几个环节：A. 脱粒　B. 称重　C. 碾磨　D. 过筛				
5	通过活动认识了几种农具				
6	有没有听不懂或没听清楚的地方				
7	用自己的话说说"粒粒皆辛苦"的含义				
综合评价					

7　对青少年益智、养德等方面的作用

本活动以饭桌上学生熟悉的玉米粥为设计起点，以完成玉米碴粥农事环节为整个活动主线，应用体验式的教育理念，注重学生与生活、自然的接触，置身于情境中的亲身经历，在体验和生活中自我总结、反思、感悟，自觉获取来源于实际生活的农业科学知识及科学理念，主动激发出对粮食、劳动的关注与思考，培养珍惜粮食、热爱劳动的良好品质。虽然活动的成品仅仅半碗碴子，但需要团队协作才能完成，良好的团队协作能力是高素质人才所必备的。在本活动中，安排学生分组活动，需要每个小组成员之间配合完成任务，需要成员间交流沟通谦让，对学生的团队协作能力有一定的培养。从整体上来说，本活动符合我国现阶段的教育方向，坚持"以人为本"、全面实施素质教育，努力将青少年培养成为德才兼备、适应社会发展需要的国家创新型人才。

木艺——环保创意手工技艺体验[*]

1 背景与目标

1.1 背景

1.1.1 资源背景——因材施艺，废物利用，绿色环保

北京教学植物园隶属于北京市教委，是唯一一所专门面向中小学生开展校外教育教学活动的植物园。全园占地面积 11.65 公顷，栽种活体植物 2000 多种，植物资源十分丰富。每年对全园进行树木修剪时，都会产生许多枯枝死杈，把它们变成孩子的最爱，可以一举两得，既减少外运树枝的成本，又能变废为宝，成为自然绿色的教育素材。木艺体验课就是想灵活运用"因材施艺"的原则，用比较简单的工具和设备就可以进行的创作，废物利用，环保绿色。

1.1.2 教育背景——因材施教，创意体验

小学生天生好奇和好动，这个年龄是最好的学习、模仿阶段，也是激发他（她）们独立创造的最好阶段，因而我们应该充分利用小学生好奇这一特点，因材施教。

木艺活动就是想充分利用树盘、树枝等自然环保素材，极具自然属性，可以促进内在的成长，提高学生的整体素质，培养孩子健全的人格，发展学生的审美能力。木艺轻松愉快，同时又有成果，在活动中让孩子们做出他们喜爱和欣赏的作品，不但培养他们的技巧能力，也增加了他们的艺术气质。重要的经验通过手来体验，如果不用手去开始工作，那么什么也不会发生！整个活动让孩子学会独立按时完成所有的操作，无老师帮忙，自己参与制作从开始到最后完工是最具有成就感的，同时也建立了学生的自信。活动过程中学生自己思考、自己动手、独立创作，最大可能地提高小学生的综合素质，促进其主动学习的积极性。

1.1.3 凸显新时期核心素养教育特点

学生发展核心素养，以科学性、时代性和民族性为基本原则，以培养"全面发展的人"为核心，分为文化基础、自主发展、社会参与三个方面。木艺活动，把艺术设计、创作和实践相结合，在活动方式上具有趣味性、实践性和灵活性，体现了校外素质教育的特点和学生三个方面的核心素养。审美情趣、自我管理、技术运用、实践创新等核心素养要点是本项活动教育的重点。

---

[*]注：此项目获得第 37 届北京青少年科技创新大赛"科技辅导员创新成果竞赛科技教育方案类"二等奖。

1.2 目标

1.2.1 培养总目标

通过木艺作品的创作，培养学生良好的生活习惯和创作激情，独立确定创作主题，能够积极完成一件木艺品的创作。

1.2.2 教学目标分解

（1）知识：通过老师的介绍和活动展板阅读，知道木艺作品制作的基本流程、方法和活动规则。

（2）技能：通过对作品的欣赏和老师的分析，独立确定创作主题，30分钟内完成一件艺术品的创作。

（3）情感态度：选择木盘枝条等素材，通过粘贴的方法，有秩序地完成作品的创作，体验创作的成就感。

2 活动设计思路

本次活动把设计、制作和艺术结合在一起，涉及设计类的隐形目标，如主题构思，要将主题图形化，通过拼装体现出来，同时活动涉及的活动材料比较多，所以针对以上特点，动手创作前教师要多启发学生，把学生的思维打开，另一方面把活动环节按活动场地给予分开实施，保证活动目标的一一实现。也充分利用活动的排队期，让学生观察木艺作品，初步了解活动目的，利用活动结束期，学生进行作品展示和交流。材料加工有安全隐患的环节，由志愿者按照学生的意向，对活动材料进行简单加工。

2.1 活动场地设计

根据上述思路设计活动场地见图1。

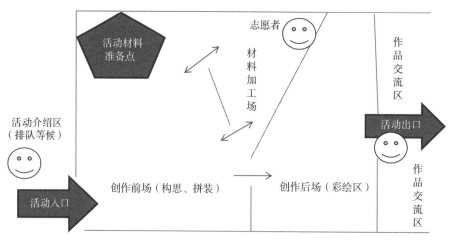

图1　活动场地设计

2.2 活动过程设计

（1）入场前：学生观看展板，了解活动名称，初步了解活动内容、方法。

（2）入场后：

①学生思路扩展。创作材料主要是圆树盘，引导学生扩展思路，避免思维具体化。老师可以通过展示绘制各种图形的树盘，让学生了解图形可以由圆变方，也可由方变圆，简单的树盘可以变化各种图形，创作需要的各种图形都能制作出来。

②方法介绍。让学生了解粘贴法，知道如何使用砂纸和胶水；了解彩笔的作用（彩笔有画龙点睛的作用）；学生熟悉木艺制作基本过程（构思、选料、初步拼装、材料加工、制作）。

③引导学生构思，确定创作主题。这步环节是活动关键环节，教师要结合生活或学生的喜好给予更多的启发，是否成功衡量的标准是学生最终的创作是否多样。

④成品制作。前场进行拼装及材料加工及粘贴材料。

⑤成品后期制作。后场进行作品彩绘装饰。彩绘与粘贴分离，有利于活动有序进行。

⑥作品欣赏。学生创作交流。

⑦离场：学生整理工具，带作品离场。

2.3 各活动环节的内容简介

各活动环节的内容简介见表1。

表1 各活动环节的内容简介

活动环节	内容简介
活动目标介绍	目的：了解活动目标
	方式：以展示的艺术作品为实例介绍活动材料和目的
思路扩展	目的：树盘可以由圆形变成各种图形
	方式：展示绘制各种图形的树盘
方法介绍	目的：了解活动方法
	方式：以简单的木艺瓢虫或鸭子介绍木艺制作基本方法技巧
确定创作主题	目的：明确创作主题
	方式：引导学生确定创作主题
成品制作	目的：材料拼装、加工、粘贴
	方式：学生自行进行艺术创作
成品后期制作	目的：作品彩绘
	方式：学生转入彩绘创作区，自由彩绘装饰
作品欣赏	目的：作品交流
	方式：互相欣赏

3 方案涉及的对象和人数

（1）对象：三至六年级学生。

（2）人数：每场次30人次为上限。

4 方案的主体部分

4.1 活动内容

学生独立确定创意主题，利用木盘、枝条等自然环保素材，通过对材料的剪切、粘贴、彩绘，创作一件艺术作品。

4.2 重点、难点和创新点

4.2.1 重点

启发引导学生独立创作构思，主题能够新颖多样；木块的手工制作。

4.2.2 难点

启发引导学生独立创作构思，主题能够新颖多样。

4.2.3 创新点

（1）活动材料创新。利用植物园区树木修剪的废料，废物利用，开发成绿色环保的活动材料。

（2）活动方式的创新。活动将艺术设计、手工制作、彩绘融为一体，趣味性、灵活性、实践性得以充分体现。

（3）组织形式上的创新。关键活动环节分离控制，活动场地与活动环节相匹配，将彩绘环节与制作环节分开，不仅可以加快活动组织时间，还能增强活动的有序性。

（4）培养目标创新。凸显学生发展核心素养中文化基础、自主发展、社会参与这三个方面的培养目标，审美情趣、自我管理、技术运用、实践创新等核心素养要点得以重点体现。

4.3 利用的各类科技教育资源

（1）人员：教师 1 名，志愿者 3 名。

（2）场所：北京教学植物园树木分类区或阴生区。

（3）材料：展板、木块、树枝、水彩笔、砂纸、环保胶水、手锯、修枝剪、切刀、钳子、矿泉水瓶等。

4.4 活动前期准备

（1）教师自己动手制作木品 3~5 件，作为教学展示使用。

（2）预测活动人次，准备木盘和树枝，按每人 3 个树盘和 2 个树枝的量进行准备，预留 2 个场次的量。

（3）活动说明展板制作，介绍活动过程。

（4）活动材料的采购，胶水一定要环保或用乳胶，教师提前试用。水彩笔效果要好于彩铅。

（5）志愿者培训，尤其负责加工的志愿者，强调工具保管，避免活动中被学生拿走，产生危险。

（6）活动场地布置。要利用植物园地形特点，进行活动空间分割，活动桌摆放，要有利于学生各活动的走动。桌面要进行铺垫，防脏，方便创作。

4.5 活动过程和步骤

活动过程和步骤见表2。

表2 活动过程和步骤

教学方法	讲授法	教具	展板、水彩笔、环保胶水、加工工具及木块

教学过程

时间分配情况：共30分钟。包括引导启发5分钟，方法和步骤讲解3分钟，学生构思选料加工4分钟，成品制作装饰各5分钟。即老师为主8分钟，学生15分钟，机动调节7分钟。互动和展示的时段是有的学生在制作，有的已经制作出艺术品，既可以看到学生的制作过程，又可以看到成品。

序号	教学环节	教师（两位老师）	学生	时间分配及可能出现的问题与对策
1	活动组织（初步了解活动）	引导学生有序入场	观看展板，了解活动名称，初步了解活动内容，可以对木盘进行加工，制作自己喜欢的工艺品	2分钟，人多时先行讲解活动过程
2	导入（明确活动目的）	点题，分别以展示的艺术作品为实例介绍活动材料和目的	观看老师的木艺作品，了解活动目的	1分钟
3	图形变变（扩展学生思路）	以圆盘、树枝为讲解范例，告知孩子这些圆盘及树枝可以进行加工，并能加工成各种形状	圆盘、树枝可以借助剪、切，变成各种图形	2分钟准备个大点的圆木盘，用彩笔画出各种图形
4	讲解制作方法和活动步骤	以瓢虫为范例，讲解木艺制作方法，讲解制作技巧及彩笔的作用；以小鸭子为例，讲解木艺活动步骤	了解粘贴法，如何使用砂纸和胶水；了解彩笔的作用，彩笔有画龙点睛的作用；学生熟悉木艺制作基本过程，构思、选料、初步拼装、材料加工、制作	3分钟，提前告知如何处理胶水
5	构思与选料、分发材料	讲解构思与选料的关系，告知学生之间可以互换材料，以满足需求	构思、选料（交换材料）	1分钟发木艺材料
6	拼装及材料加工	指导辅助拼装及材料加工，强调构思明确才能加工，每人只有2次加工机会	初步拼装，观察对木盘画出要进行的加工线路；确定加工目标形状后，到加工场地进行材料现场加工（志愿者）	3分钟

（续）

序号	教学环节	教师（两位老师）	学生	时间分配及可能出现的问题与对策
7	成品制作	指导学生制作，强调砂纸作用和胶水使用技巧	学生粘贴创作（胶水用小手指粗木棒即可）	5分钟
8	成品装饰	引导拼装完成的学生进入彩绘创作区，强调彩笔用完放回原处	学生自由彩绘创作，学生转场进入彩绘区，专心进彩绘制作	5分钟
9	作品欣赏	组织互相欣赏作品，学生优秀作品介绍；要求交还材料及离场	互相欣赏作品，介绍自己的作品（图2）	1分钟

5 可能出现的问题及解决预案

5.1 作品形式单一性，创新性不强

教师会首先介绍活动的大体流程，让学生知道活动的基本方法，然后会以一个具体模型的例子，如瓢虫、汽车等，将流程具体化，示范木艺的活动方法。结果活动结束后约50%的学生会模仿老师的作品，作品形式变为单一性，或者说创新性不强。为了迎接"六一"活动，育才小学的二年级和四年级学生连续两次参加活动，我们会发现第一次如果他做了个坦克，非常棒的，第二次仍然是坦克，没有太大的变换。在作品展示时也会出现这种类似的现象，如果一个作品创作的很好，如用木盘和树枝创作了一个闹钟，我把它展示在排队的地方，下一场也会有近50%的作品与闹钟相近。

图2 成果展示

5.2 活动的自律和秩序性有待提高

活动中有两类现象格外突出，第一类具有广泛的普遍性。在活动中有两个自由创作阶段，材料的自由选择和作品的自由彩绘，活动中90%的学生不会把使用过的材料放回原处，而是自由摆放，每场下来，活动桌面都会成为乱局，我把这种现象称为自律性（习惯性）问题，不一定准确，但能理解。第二类也具有普遍性，但具有突发性、短暂性特点。受到活动人数、活动材料、活动时间等方面的限制，活动规则是排队等候、每人一件作品，每人活动时间不能超过30分钟，每天总会出现打破活动规则的现象，比如插队、迟迟离场、作品多多等，并且理由"十分"充分，虽然这些现象不多，但总会出现，我把这

一类现象概括为规则秩序性问题。

5.3 教学活动中现象分析及解决办法

5.3.1 创造性不足

活动对象主要是中小学生，以小学生为主体，根据认知观，这一阶段主要处于具体运算阶段，逻辑思维能力有所提高，但需要具体事物的支持，难以进行抽象思维，他们进行木艺创作必须是和他们熟悉的物体有关，而老师或同学的作品恰恰满足了他们的心理需求，所以作品表现出"模仿"或"再现"，缺少鲜明的创造性。木艺活动心智技能目标的培养，宏观上说就是训练抽象思维。

首先要在教师的示范及讲解的基础上实现原型定向，在这一阶段，主要的核心是采取有效措施发挥学生的主动性与独立性，创作的过程以发散的思维形式（模式）教给学生。比如老师把作品构图的过程讲解给学生，学生通过思维实例（展示许多实例，老师讲解背后的思维），在头脑中形成自己的艺术形象。能否形成自己的艺术形象，在一定程度上依赖教师对学生学习动机的激发，调动积极性，敢于挑战难度。在抽象思维方面，教师也可以借助家长的力量，帮助孩子在头脑中形成自己的艺术形象（家长的参与对活动的秩序性通常不利）。接下来学生要对自己艺术形象通过树枝木块进行物化操作，由于心智的内隐性，教师的作用变为次要，只有能够用言语或图画表现出来的艺术形象，才能运用材料加工的技能帮助学生进行原型操作。这时教师针对材料要让孩子树立一个观念，任何作品都可以表达出来，任何图形和性状都可以加工出来，只要观察原型的角度和材料加工方法得当。适当缩小头脑中的艺术形象，有利材料的选择，这一点老师需要适当的指导。当材料完成初步拼装，原型内化也就完成，剩下只是艺术形象与物化实体的细节上调整。总之，心智技能的培养，依赖老师对学生想象力和信念的调动。

5.3.2 自律性（习惯性）

自律性问题是活动中最普遍的问题，也没有破坏性，这和我们现存的许多社会现象有类似的心理基础。如宾馆住宿，离开房间前可以把房间收拾干净，也可以理所当然的退房走人。自律性问题，反映一个人的综合素质，在活动设计中更加要体现素质教育的功能，向培养良好的个人习惯方面发展。良好习惯接近个人价值系统中心，具有不易变化，改变起来较困难的特点。所以活动中，出现这样的情况具有社会性，不能希望所有学生或家长都中规中矩进行活动，这是不现实的。良好的习惯不是一天形成，受内部和外部因素的综合影响，活动中要做的是，为学生养成良好习惯，努力优化德育情境，比如标记明显的材料摆放位置，每场活动结束，让学生看到老师在"辛苦"打理桌面，从情感上产生共鸣。总而言之，活动的对象正处在自律阶段的形成期，我们要在和风细雨中教化学生，也要尽量消除从众现象的产生根源，去有效地避免心理抗拒现象的产生。活动本身要定义为道德实践活动课，而不是为了创作作品而活动。

5.3.3 规则秩序性

打破规则，不仅影响活动正常开展，更有可能引发争执或冲突。规则秩序性问题，是组织教师承受心理压力最大的环节，也是最令人头疼的事，具有必然性。以排队为例，为了避免与组织教师的规则上的心理冲突，会有隐性插队现象，如以各种"方便"的理由一个人代排多人，集体"方便"归来插队，带来其他家长的不公平感，容易引发家长间的争执。根据心理学原理，人们的心理活动通常遵循费力最小原则，没有必要时，会尽可能少的改变自己；当老师试图阻止时，会感到自由被别人操纵，心理会自发抵抗，同时为了维护"大人"形象（都有成人背后的影子），拒绝改变，甚至控告老师的"无理要求"。所以打破规则的出现，也是人们正常心理的反应，根据认知不协调理论，教育工作者可以减轻或消除道德认知不协调。有效切实的劝导说服仍然是帮助我们改变学生或家长态度的主要手段，善意的提醒，保留足够面子的说服，避免任何形式的争执。

同时，我们也不能忽视等待耐性和等待价值之间的心理基础，过马路时人的等待耐性不会超过 2 分钟，而我们的活动要等待 5~10 分钟，等待虽然可以参加活动，同时意味着失去更多的参加其他活动的机会（在一个活动点等待时间过长，意味参加其他教学活动的机会减少），等待价值被完全抵消，有被"逼急"的心理态势，所以家长和孩子心理对排队或等待会有自然的抗拒心理，而活动的时间又不能自由尽兴，自然会产生其他现象，如迟迟不愿离场，不断地创作作品等无意识的补偿心理。如果教育资源比较充足，增加活动场次和规模，是可以基本消除规则秩序性问题的。比如，同时进行 2~3 场活动，消化等待的人群。而更多的是教育资源有限导致的，尤其是教师配置等，适当的分化与教学目标联系不紧密的程序，是个不错的方法。如把活动中的材料粘贴、作品彩绘设置到活动区域外，减少非核心的教学时间分配。

6 预期效果与呈现方式

6.1 构思设计阶段

学生看到老师讲解的木艺作品，非常具体形象，很容易模仿制作，老师不必制止，可以通过两个方面来引发学生的创意思路。一方面，平常最喜欢什么呢，做一个礼物送给好朋友吧，让学生的创作思想跟他自己的生活联系起来；另一方面，对从展示的作品入手，提示学生对现有的作品进一步进行夸张创作，这样可以降低思想难度，更容易完成设计。

6.2 创作前期阶段

学生拿到自己的树盘，都很兴奋，把设计变成作品还是有一定难度，一方面可以在粘贴之前，让学生对材料进行初步拼装，对于不合适的部分可以用铅笔画下来，到加工场地进行简单加工，每个学生只有两次加工的机会（志愿者按照学生的意愿进行简单的剪切）。

6.3 创作中期阶段

创作进行到中期阶段，拼装阶段已经完成，开始进行粘贴阶段，由于解除面积或胶水使用问题，出现无法粘贴整合现象，老师要帮助寻找原因，提醒学生砂纸作用和胶水使用技巧。

6.4 创作后期阶段

创作后期主要是利用水彩笔或彩铅进行辅助创作，因为彩绘的材料比较多，桌面又有胶水和树盘材料，容易出现脏乱差的现象，所以这时有个转场活动，完成中期创作的学生，可以进入彩绘区，进行创作后期加工，这样明显提高活动的有序性，减少准备下一场材料整理和准备时间。

7 效果评价标准与方式

为进一步优化活动，按活动阶段进行评价（表3）。

表 3 各活动阶段的评价内容及标准

活动过程	评价内容	评价标准	评价方式
准备阶段	活动材料	前期工具和材料到位、充足	定性描述
	活动场地	场地按设计进行布置，无安全隐患	定性描述
	工作人员	专业人员至少1名，志愿者至少3名	定性描述
活动阶段	活动态度秩序	学生积极有序	教师观察
	主题明确	有明确创作主题	教师观察
	方法掌握	胶水、砂纸使用	教师观察
	活动质量	作品的多样性	活动统计
	活动交流	能展示介绍作品	教师观察
总结提升	总结活动完成情况	完成、详尽	综合评价
	目标总体达成情况	是否达成	综合评价

8 对青少年益智、养德等方面的作用

本活动把设计、手工、艺术创作融合在一起，体现了学生发展的核心素养三个方面的要求。早期活动时侧重益智方面的培养，解决创造性不足的问题，保证活动结束时，每个孩子都有一个作品。通过2014年开放活动时的总结提升，其实完成作品并不重要，而是让孩子们如何在自我约束下，有序地完成创作作品的过程更为重要，活动的过程实际是对孩子品德甚至性格塑造的过程，所以从2015年开始更加关注活动的有序性和自律性，学生的自我管理成为重要教学目标，把有序性完成作品创作作为教师组织本次教学活动主要目标，把对学生的自律性、独立性培养优先于创造性培养。

四、探究活动类

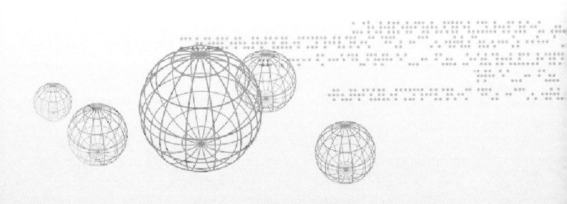

1 背景与目标

1.1 背景

大自然充满了神奇与智慧，四季的植物，春花秋实。金秋时节，又到了种子传播的季节。植物为种子们做好了各种各样的准备，不同植物有不同的传播方法，有些植物的种子，它们的理想是做个"飞行家"，在风的帮助下飞向远方。孩子们就像植物的种子一样，逐渐长大，带着理想带着希望奔向四方。本活动方案为实验探究类活动，力求抓住孩子们对形形色色的飞行的植物种子的好奇，以植物园园区实物展示等体验教学为导入增加直观感性认识，通过实验室的测量、数据计算及比较等方法学习探究落种的特征以及影响因素，激发孩子亲近自然的情感，培养他们的科学素养。

活动内容和小学二年级上册读本课文《植物妈妈有办法》相结合，引起孩子们共鸣。将《科学》和《生物》课程中的"植物的生活""植物的构造与功能""种子的传播"等教学部分的知识相融合，通过自然体验的教育方法帮助他们积极地理解和掌握校内知识，同时构建和发展用科学方法观察、记录与分析自然现象的习惯。探究型活动指以现象或者问题为出发点，通过观察现象和提出问题、提出假设、工具测量、实验证实等步骤，来分析理解现象背后蕴含的自然法则和规律。

《义务教育小学科学新课程标准》中重点指出："小学科学课程把探究活动作为学生学习科学的重要方式，强调通过学生亲身经历动手动脑活动，学习科学知识，了解科学探究中的具体方法和技能，提高科学能力，发展科学态度。"孩子们的好奇心和想象力是丰富的，对自然和外部的世界充满憧憬与期待，如果辅以科学的思维和方法，提高探究的能力和兴趣，从而养成爱自然、爱科学的情感。

1.2 目标

1.2.1 知识目标

（1）认识几种植物种子，主动观察、发现和描述植物种子的特点，结合示范说出种子相应的传播方式。

---

* 注：此项目获得第 37 届北京青少年科技创新大赛"科技辅导员创新成果竞赛科技教育方案类"一等奖，《中国科技教育》杂志专项奖、《知识就是力量》杂志专项奖。

（2）观察植物落种的运动，能够描述落种运动的飞行轨迹。

（3）学会数学知识在实践中的运用，能求平均数。

（4）知道误差的存在以及减小误差的方法。

1.2.2　能力目标

（1）学会天平称量物体的质量，学习秒表计时方法。

（2）小组组员直接合作完成对植物落种的质量测量、一定高度的多次下落时间测定，能够合理安排分工。

（3）对比各组间测量值的差异分析，同一落种多次重复的实验结果差异，能够分析误差产生的原因。

1.2.3　情感目标

（1）以种子飞行家为切入角，将植物落种拟人化，让学生从拟人的角度去重新认识熟悉或不熟悉的植物，学习自然界中植物的智慧和奥秘。活动过程潜移默化中赋予了植物人格化的特点，有助于培养孩子的同理心和尊重植物生命的环境友好态度。

（2）实验室内对于电子天平、秒表等工具的使用，树立孩子们尊重数字、用数字定量描述特征及比较差异的习惯，从而培养严谨的科学思维方式。

2　方案涉及的对象和人数

（1）对象：本次活动是绿色科技俱乐部系列活动的四期课程，活动对象均是来自北京市各个城区的中小学生，年龄在9~13岁（学龄三年级至六年级），通过关注绿色科技俱乐部微信公众号，从网络上免费预约。

（2）人数：活动每次参与人数22~24人，累计已达100人次。

3　方案的主体部分

3.1　活动内容

2016年8~9月为策划准备阶段，9~10月为活动实施阶段。

活动时间为周六，每次活动约为2小时。以北京教学植物园园区和北京学生活动管理中心探究实验室为活动地点。针对主要年龄为9~13岁的中小学生设计开发探究活动。在植物园园区以秋季的植物为导入，观察苍耳、龙牙草、金银忍冬、长白松、梧桐、枫杨等植物的果实或种子，说出这类植物的种子传播的方式，逐步介绍各种靠风传播的植物落种。现场采集梧桐、枫杨、椴树、樗树4种植物的落种，带回实验室。

实验室内通过PPT介绍落种的相关知识，以及靠风力传播的落种的传播具体与哪些因素相关。通过测量落种的质量、画图求出落种面积，推测每种落种的飞行时间快慢。最后从5米高的地方，教师依次放下落种，孩子们分组测定和记录落种的下落时间，并观察不同植物种子飞行的轨迹。整个活动紧凑有趣，看似简单，其实对孩子们工具使用、计算能力以及团队合作能力都是一次挑战。通过自己称量质量、测量时间、分析差异，并且各小组分享每组的实验结果，伴随着这种真切的体验和感受，那些科学课、生物课中的相关知识一起储存进了大脑，进而形成一种爱观察、爱测量、爱实验的好习惯。

3.2 重点、难点和创新点

3.2.1 重点

本项活动充分利用校外教育机构的特有资源优势，将靠风力传播的植物落种飞行能力进行测定和分析，定性描述和定量比较，从而理解影响落种飞行时间和传播距离的因素，进而加深对自然智慧的认识。打破原有的纯粹知识讲授的学习方式，通过自然体验式的教学引导学生通过观察寻找外在差异特征，提出假设并且通过正确运用工具测量测定，验证假设的成立与否，并且尝试分析其中的原因。

简而言之，理解校内课本知识，感受大自然的神奇从而激发热爱自然的情感，同时合理运用科学工具测定测量，通过实验验证假设，是本活动方案的重点。

3.2.2 难点

（1）活动对象背景差异大。参与的学生来自不同城区、不同学校、不同学龄背景；年龄差异，知识结构差距大，团队分工合作能力各组不同。

（2）中小学生实验室活动经验不足，对实验仪器设备的使用不熟练。

（3）本次活动需要一定的数学知识，如平均数的概念，对于低年级孩子有难度。

3.2.3 创新点

（1）活动形式。不同于传统的校内教学以及纯粹的实验教学。活动形式包括园区现场讲解学习、实物观察和示范观察，室内背景知识讲解，包括 PPT 展示、视频播放，以及动手操作环节的落种称量、落种飞行观察与时间测定等环节。活动环节环环相扣，既有知识学习，又有动手能力的培养，还有科学原因的分析和讨论等，避免了单一形式的学习的不足。

（2）活动内容。学生对植物和种子都比较熟悉，结合秋季植物结果、种子传播的季节，对孩子们具有很大的吸引力。部分内容与学生已学知识相结合，这样学生有一定的知识背景，便于理解本次活动内容，活动过程中回答问题等互动活跃，容易引起共鸣。

（3）小组教学及讨论分享。活动过程学生分成 5~6 个小组，各组都领有相应的任务参加活动。这种方式有利于克服学生年龄、知识结构、能力不一等缺点，每组实施大带小，团队协作分工，有的称量、有的读数、有的记录，有利于发挥每个孩子的积极性。实验后的分享增进各组之间的交流，同时让学生关注其他人的工作与自己的异同点，并思考为什么。

3.3 利用的各类科技教育资源

（1）场所：北京教学植物园树木分类区和北京学生活动管理中心探究实验室。

（2）资料：网络和书籍中有关文献参考。

（3）器材和用具：种子采集盒、电子秒表、电子天平、活动单、笔、计算器。

3.4 活动过程和步骤

3.4.1 活动准备

（1）确定活动主题，撰写活动方案，进行预实验，发布活动通知。

（2）搜集资料，落实安全管理工作，准备活动所用天平、秒表、活动单。

3.4.2 活动实施

每次活动提前一周发布活动通知，周四进行网络预约报名，周五截止报名并打印报名表。周六实施活动。活动前先分组并做安全教育。同时明确各组组长和组员们的任务。

3.4.2.1 园区观察

教师将学生带到植物园园区，分别观察苍耳、龙牙草、金银忍冬、长白松、梧桐、枫杨等植物的果实或种子，并介绍不同植物的种子传播的方式（图1、图2）。通过示范说明苍耳、龙牙草黏附在动物皮毛或人的衣物上传播，金银忍冬及结果的植物依靠小动物或鸟的取食排泄传播等，逐步介绍各种靠风传播的植物落种（图3）。让学生仔细观察靠风传播的落种在形态上有何特点。

【设计思路】本段设计为后面探究活动的导入部分，通过结合学生已有知识储备，激发孩子们的兴趣和好奇心。室外活动孩子们更容易放松身心，融入到自然中来。动手尝试了解苍耳、龙牙草以及飞行落种的传播方式，用耳、手、眼，加深直观体验，为室内教学做铺垫。

图1 介绍长白松种子

图2 观察龙牙草种子传播方式

3.4.2.2 收集落种

为了进一步研究落种的特征，每个组在组长的带领下，分别收集梧桐、椴树、樗树、枫杨等靠风力传播的植物的落种（图4）。孩子们在这个环节表现得非常活跃，收集过程中还有新的发现，如梧桐"勺子"形状的结构是一簇一簇很多生长在一起，并不是一片一片的。枫杨的两个翅果原来是可以分开的，是两个种子。

【设计思路】孩子们动手拾取落种，自己收集过程中观察会更加细致和准确，对收集的物品有感情，这一过程也将培养收集的习惯。这个环节使得活动不是纯粹地听，而是成

图 3　认识 4 种风力传播的植物落种

图 4　收集落种

为行为的主题，发挥每个孩子的积极性以及团队熟悉和合作的机会，为实验室分工合作打下感情基础。

3.4.2.3　落种飞行因素探究

返回实验室，通过 PPT 和视频讲解落种相关的知识以及飞行附属物的类型（图 5）。分析影响落种飞行时间的因素时，学生均认为重量是其中一个原因。另外重点讲清楚，相同质量，表面积越大的物体，下落速度越慢。例如，A4 纸展开时下落较慢，如果揉成团则下落速度快。初步总结出影响因素有质量、表面积。

【设计思路】必要基础知识介绍，讲解环节时间为 10 分钟，重点内容为实验过程注意事项、活动步骤以及活

图 5　讲解落种知识

动单的使用。通过视频辅助教学，增强孩子的理解和形象思维。

3.4.2.4　称量落种重量

教师讲解和示范电子天平和秒表的使用，让学生练习几遍能熟练使用之后，开始各组称量（图 6）。学生称量环节前，教师提问哪种植物最重，哪种最轻；比较大小，哪种植物表面积最大。学生带着问题去探究。每组称量两种植物的种子质量，由于单个种子读数比较小，以称量小麦、大米为例引导学生得出称量多个求平均质量的方法。推荐称量10 个取平均。实验要求称量需多次取平均，因为学生接受能力原因，讲解时做介绍，实际学生操作过程中只称量 1 次。

按照顺序填好活动单，并提出猜想：哪种植物飞行时间最长？最后孩子绘制落种的图

图6 种子称量和记录

形（图7）。

【设计思路】探究活动的主体部分之一，也是教学的重点和目标集中点。时间相对较长。引导这部分活动时，首先将科学测量工具的使用讲解明白，避免因为工具不熟悉而阻碍活动进行。活动前，给孩子问题型任务，让他们带着问题去活动。孩子称量期间，教师不干涉孩子的互动和交流，仅在旁观察是否正确使用工具并及时更正。

3.4.2.5 测量飞行时间

图7 绘画落种图形

学生在一楼做好准备，小组成员有的掐表计时，有的记录。教师从二楼平台放下落种。首先是没有"勺子"附属结构的梧桐种子，然后是有附属结果的梧桐种子，孩子们通过对比，认识到飞行的翅或附属结构对飞行时间的影响。依次放下4种植物的落种，每种植物放5个。最后记录取平均值。

这个过程中，孩子们看到从来没见过的种子飞行的姿势和轨迹，纷纷表示惊叹。每组都记录植物的飞行时间，返回实验室后计算每种植物的平均飞行时间（图8）。

【设计思路】这是探究活动的第二块主体部分，重点为记录落种飞行时间和观察飞行轨迹。难点为记录飞行时间的准确性以及正确认识不同人记录的时间有差异。直观的观察和动手环节，很多植物（如椴树、枫杨）的落种飞行轨迹特别独特，樗树飞行时间相对最长，孩子们都表现得很兴奋。

3.4.2.6 讨论与分享

每个小组整理并记录各项数据之后，小组内讨论得出最重和最轻、表面积最大和最小、5米高度飞行时间最长和最短的落种。小组推选代表分享实验结果。教师引导对比各

图 8　测量和比较落种飞行时间

组的答案，大部分组结论一致，有小组结论有偏差而且每组的记录具体时间也不一样，老师让孩子分析产生差异的原因。

教师讲解误差的存在以及产生的原因，让学生思考怎样能减小误差。

【设计思路】活动最后一个环节，也是重要的一个环节，这次活动孩子们是否有收获，有多大的收获在于这个环节的组织与实施。因为刚才的室外观察活动，小组讨论部分学生很踊跃，分享部分教师先做个引导，避免学生对总结不熟悉。

教师引导总结为以下几个部分：植物的智慧；不同质量、不同表面积落种飞行时间不一样，并排出顺序；工具的使用帮助我们做出判断；观察和测量时存在误差，每组的测量结果有细小差异。从这几个方面总结，从而让学生习惯使用工具，使用数据分析和解决科学探究问题，养成严谨的态度以及保持对自然喜爱、好奇的心情。

4　可能出现的问题及解决预案

活动中可能出现的问题及解决预案见表 1。

表 1　活动中可能出现的问题及解决预案

可能出现的问题	解决预案
参加学生年龄跨度大	探究实验活动要求最低年龄为 9 周岁，即三年级学生。知识讲授部分简单通俗易懂；加强室外实物观察和示范环节，促进直观认识。实验活动分小组，以大带小分工合作
实验工具使用不熟练	动手活动前，将两种实验用具使用方法逐步介绍清楚，并且每步示范。采用电子天平和电子秒表，降低相应操作难度。实验中高年级学生指导低年级学生
平均质量计算不准确	活动中涉及数据的计算和分析，测量平均质量时建议用 10 颗种子测量，避免单个质量过小的误差，以及便于平均数的计算。同时配备计算器以供使用

（续）

可能出现的问题	解决预案
秒表测时不准确	秒表测时间，包括起始掐表以及种子落地时掐表，容易因为个人因素产生误差。一是多个组同时测量，并且测量多组数据；二是在分享总结环节，提出问题，让孩子们认识到误差的客观存在，并寻找减小误差的办法
园区活动可能会引发的安全危险	活动前详细考察，设置安全警戒线，制订全面合理的活动路线、安全预案

5 预期效果与呈现方式

本活动项目是绿色科技俱乐部探究型实验活动的一个活动课程。活动内容和实施综合考虑活动的科学性、趣味性、可行性以及安全性的原则，形成有组织有计划的教学活动。活动的预期效果和呈现方式从教学目标、教学内容和教学方法等方面进行分析。

5.1 预期效果

（1）认识几种植物种子，通过观察种子的特征说出相应的传播方式。学以致用，能利用数学知识计算种子质量。比较落种飞行时间。学会天平称量物体的质量。学习秒表计时方法。

（2）团队分工合作。组员们通过完成本组的分配任务，从而学到知识，学会工具的使用，用数据描述现象，在分享中体会成就感。

（3）培养科学精神。正确认识误差的存在，能够分析误差产生的原因以及减小误差的方法。初步构建对实验研究方法的认识，培养科学观察、主动探究的意识。

5.2 呈现方式

本项活动主张学生观察现象后提出设想，动手实验操作，测量数据并分析比较。前面部分是以直观感性认识为主，后面部分是以数据测量对比的理性认识为主。作为活动的设计和实施者，我充分考虑到孩子们年龄和知识储备等因素，个人认为此项活动最重要的效果呈现方式是分小组完成实验探究活动，并进行分享。

参加活动的孩子多数是独生子女，但是在校园或者课外活动环境中，他们显示出较强的团队合作能力和配合精神。除个别孩子外，多数组在高年级（五、六年级）组员带领下，分工合理，每位组员在活动中找到自己的任务，集体力量最后完成活动表格。

分享的过程既是总结的过程也是交流展示的过程。孩子们活动的工作在这一刻展示出来，对其劳动的认可提升了学生的成就感。同时也更加关注别组的结果，并有比较和分析的基础。

6 效果评价标准与方式

效果评价的依据是活动目标的达成情况，目的是找出方案中的优缺点，以及是否有利于提高学生能力和创新精神的培养，所以应侧重活动的过程性和全面性，打破单一的量化评价形式，注重激励和发展，注重质性评价。因此在本活动过程中，采取教师评与学生评相结合的方式。

6.1　对学生参与评价

对学生在活动中的表现进行评价，包括参与态度、活动过程中的自主性、主动性和独立性等方面；培养目标达标评价，如是否学会了使用电子天平、秒表等具体教学目标。

6.2　对活动过程的评价

整个活动过程是否具有科学性、创新性、可操作性和服务性，活动是否实现了预期效果，活动是否达到了培养目标。尤其是活动过程中每个小组团队协作的分工是否合理，工作是否快捷有效。

6.3　活动效应和安全工作评价

活动是否体现出了以学生为中心的教学理念，是否具有普遍性、普及性和推广性；活动中是否出现安全隐患以及排查和处理情况。

6.4　学生收获评价

每组活动时都有活动单，通过对学生活动单填写是否规范、准确等，可以评价活动是否取得预期效果。活动过程及分享阶段，提几个重点或者细节问题，通过提问方式进行学生收获效果评价。

7　对青少年益智、养德等方面的作用

此项探究型实验活动开拓了孩子们的眼界，为他们亲近自然，探索自然的奥秘开启了一扇门。生活中或者自然界中习以为常的东西其实并不简单，每一个结构都与其功能是相适应的，自然处处充满智慧。通过对园区植物的观察和比较，培养了学生独立获取信息、分析和处理信息的能力以及实事求是的态度，这种与大自然愉快轻松的接触中，学生更易于激发出对科学研究的兴趣，更有利培养勇于创新的自主学习精神。

实验活动对于个人来说内容多、难度大，需要发挥小组团队的力量，因此参与学生都不同程度地提高了与人相处和团队合作的能力，学会了帮助他人，认识到 1+1>2，培养了社会责任感。

活动自始至终提醒孩子主观地臆测答案经常是错误的，学会借助工具辅助自己进行分析研究，培养使用工具、使用数据分析的科学精神。同时通过误差等提醒学生，不能完全相信测量的数据，要多方面综合，与不同的小组交流才能得到更为完整全面的信息，为科学素养的养成打下情感基础。活动符合现阶段我国倡导的"研究性学习"创新型人才培养教育模式。可以说，本项活动方案是为将青少年培养成为德才兼备、适应社会发展需要的国家创新型人才的一种教育形式的探索。

参考文献

施鸿艳. 植物妈妈有办法 [J]. 小学阅读指南：高年级版，2015（4）：8-11.

探秘植物纤维*

1　背景与目标

1.1　背景

1.1.1　社会背景分析

随着公众环境保护和安全健康意识的不断提高，可持续、安全无毒的生态纺织成为了人类的诉求。因此，以天然纤维为基础的绿色纤维的开发和研究成了纺织业重点发展方向。从 20 世纪末到现在，我国新型天然纤维材料的开发呈现空前的发展态势。植物纤维是自然界最为丰富的天然高子材料，除了从植物中直接获取，还可以从农业废弃物中回收，它易于降解、对环境友好、可再生，符合可持续发展战略。以植物纤维为主的绿色纤维的研究与发展方向符合党的十八大提出的生态文明建设理念，有利于促进"消除生态环境危机，推动资源节约型、环境友好型社会建设取得重大进展"。同时，党的十八大特别强调"要加强生态文明宣传教育，增强全民节约意识、环保意识、生态意识"。以植物纤维为主线展开的活动可以从知识、技能和价值观的层面落实生态文明教育。

1.1.2　校内外课程背景分析

《小学科学课程标准》生命世界部分指出"要让学生接触生动活泼的生命世界……要让学生了解当地的植物资源，能意识到植物与人类生活的密切关系。物质世界部分提出要会使用简单仪器（如尺、天平、温度计）测量物体常见特征（长度、重量、温度计）……意识到多次测量能够提高测量准确性……能区分常见的天然材料和人造材料。意识到人类为了满足自身的需求，不断在发明新的材料。增强对新事物的敏感性，激发创新意识"。《国家中长期教育改革和发展规划纲要（2010—2020）》指出，开展课外科技活动，引导未成年人增强创新意识和实践能力。《全民科学素质行动计划纲要（2006—2010—2020 年）》提出普及保护生态环境、节约资源能源的重要性。21 世纪的中国教育进入了以深化教育改革，全面推进素质教育为标志，以培养学生的创新精神和实践能力为核心的新发展阶段，课程的价值取向由以知识为中心转移到了学生的全面发展上，提出了课程内容选择与自然、生活、社会生产实践相联系，使自然、生活、社会成为课程资源。

---

　　*注：此项目获得第 36 届北京青少年科技创新大赛"科技辅导员创新成果竞赛科技教育方案类"一等奖、第 31 届全国青少年科技创新大赛"科技辅导员创新成果竞赛科技教育方案类"二等奖。

本活动综合自然资源、社会科技及学生生活经验，从学生身边的事物入手，采用自然体验与实验探究相结合教学活动的形式，创设有助于学生主动探究的学习情境，使学生通过亲身体验、参与的过程，感悟植物之美，认识到植物科学与工业进步、技术革新、人类生活的密切关系，潜移默化构建人与自然和谐统一的环境友好型人格，是校内课程的有效延伸。

1.1.3　学生学情分析

小学高年级儿童思维的基本特点是从以具体形象思维为主要形式逐步过渡到以抽象逻辑思维为主要形式。但是这种抽象逻辑思维在很大的程度上，仍然是直接与感性经验相联系的，仍然具有很大成分的具体形象性。对这个学龄段的儿童来说，植物纤维既熟悉又陌生，虽然在日常生活中时有接触，但却缺乏从科学的思维和方法上对其进行探究。因而，合理利用纤维植物及植物纤维资源引导学生开展自主探索、动手实践相结合的探究活动，有利于激发其学习和探索的兴趣，对其科学探究思维能力、创造思维能力的培养具有重要意义。

1.1.4　场馆资源分析

开展本活动的场所——北京教学植物园为首都生态文明教育示范基地，拥有丰富的植物资源与开展教学的辅助教具，是开展生态文明教育、实践教学的理想场所。植物园设有作物区，该区域种引种栽培 210 种植物，其中包括纤维植物。学生在这种环境中可以近距离接触这些纤维植物，通过它们探索植物纤维的来源等相关问题。身临其境的亲身实践体验，有助于激发学习欲望，调动主动探索知识和发现问题的意愿，有利于深化了解植物与人类的关系。

1.2　目标

1.2.1　知识与技能

至少识别 6 种纤维植物，了解植物纤维的来源及其在工业中的应用。学会综合应用感官法和燃烧法辨识植物纤维。了解显微镜下棉纤维结构，学会用分梳法测定棉纤维长度。

1.2.2　过程与方法

学生通过读标牌信息、网络查询等，多种手段、多种途径获取信息，整理、分析、处理信息能力得到提高；通过寻找辨识纤维植物，观察植物的能力得到实践与锻炼；通过方案设计的环节，主动探究问题的能力得到锻炼；实验操作与现象观察的过程，培养了认真、实事求是、不厌其烦的科学品质；通过小组合作的过程，团队合作能力得到提升；通过思考与讨论、交流分享的环节，语言表达、发散思维的能力得到锻炼。

1.2.3　情感态度与价值观

感悟到植物在生态纺织工业、社会生活中的重要作用，意识到植物学不是孤立的学科，而是与多学科有交叉，进而激发起探究植物科学的欲望。

2　活动设计思路

活动设计思路详见图 1。

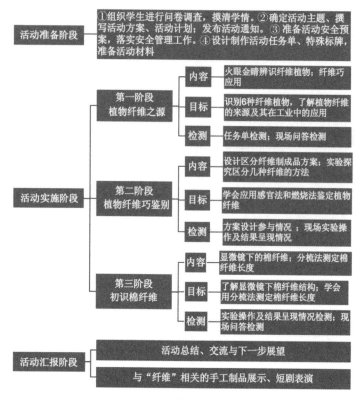

图1　活动设计思路

3　方案涉及的对象和人数

　　小学四至六年级学生，这个阶段的学生求知欲强，对身边事物的感受力强，同时也具备问题探究能力。本项活动宜采用分班分组活动，每班容纳人数不超过 30 人，每组 3~4 人为宜。

4　方案的主体部分

4.1　活动内容

　　本活动充分利用北京教学植物园室外植物标本区、探究实验室资源，组织学生开展以自然观察与实验探究相结合的体验活动，从园区中选取 10 种纤维植物为入手，设置基础植物知识、植物与工业应用、植物与人类生活和社会环境相关的活动内容，注重渗透 STS 理念，引导学生掌握科学知识、科学探究方法，培养创造性思维。

　　在活动的过程中包括如下 3 个阶段。

　　第一阶段，植物纤维之源。主要内容为：火眼金睛辨识纤维植物；植物纤维巧应用。

　　第二阶段，植物纤维巧鉴别。主要内容为：设计辨识 6 种不同纤维制成品的方案；实验探究区分几种纤维的方法。

　　第三阶段，初识棉纤维。主要内容为：显微镜下的棉纤维；分梳法测定棉纤维长度。

最后，教师组织学生总结、交流，采取手工制品、短剧的形式展示活动的收获，演绎对植物纤维的认识。

整个活动的设计贯穿兴趣培养、基本知识与技能学习、科技生产、社会生活热点问题讨论及问题解决，层层递进地向学生传达绿色科技与生态建设理念。

4.2 重点、难点和创新点

4.2.1 重点

（1）认识 6 种常用纤维植物。

（2）学会综合应用感官法和燃烧法鉴定植物纤维，学会应用分梳法测定棉花纤维长度。

（3）感悟到植物在生态纺织工业、社会生活中的重要作用，意识到植物学不是孤立的学科，而是与多学科有交叉，进而激发起探究植物科学的欲望。

4.2.2 难点

（1）学会应用分梳法测定棉花纤维长度。

（2）感悟到植物在生态纺织工业、社会生活中的重要作用，激发起探究植物科学的欲望。

4.2.3 创新点

（1）内容的创新：本活动以学生身边的事物作为切入点，引导学生用科学的思维和方法、综合应用多学科知识，去探究身边的问题。

（2）形式的创新：在活动中引入了新媒体二维码，将其应用于活动相关的植物标牌、活动单中，不仅增强活动的互动性与体验性，同时还使活动内容有所延伸。

4.3 利用的各类科技教育资源

（1）场所：北京教学植物园作物区、探究实验室（带多媒体播放系统）。

（2）资料：网络数据库、书籍、相关文献。

（3）器材和用具：陆地棉的成熟果实；亚麻线、大麻线、羊毛线、桑蚕丝线、尼龙线、锦纶线和纯棉线；酒精灯、打火机、直尺、骨梳、黑绒板（自制）、镊子、剪刀、创可贴；活动单、特殊标牌、铅笔；iPad 或智能手机。

4.4 活动过程和步骤

4.4.1 活动准备

（1）组织学生进行问卷调查，摸清学情。

（2）确定活动主题、撰写活动方案、活动计划，发布活动通知。

（3）准备活动安全预案，落实安全管理工作。

（4）设计制作活动任务单、特殊标牌，准备活动材料。

4.4.2 活动主体阶段

4.4.2.1 第一阶段：植物纤维之源

本阶段的活动选在北京教学植物园作物区实施。10~11月正值北京的深秋时节，此时棉花、大麻等纤维植物完全成熟，置身这一环境学生亲眼可见各种纺织原材料。抓住这一有利时机，以这些纤维植物为载体，在植物园中开展活动，可以收到事半功倍的效果（表1、图2）。

表1　各活动环节具体内容

活动环节		教　师	学　生	意　图
活动热身——猜猜我是谁		①实物展示：纯棉线、亚麻线、麻绳制成的纺线。②提问：猜猜这些线是由什么材料制成的？③概括学生问题，引出活动主题	联系生活经验，猜测、回答问题	由具体形象的事物，引出问题，给学生更直观的认识，使学生从情感上更容易引起共鸣，激发他们的学习热情
活动开始——听规则领任务		呈现：活动单。①介绍活动单的构成。②可以借用的线索。③园区方位与本次执行活动场地范围。④要求分组实施任务	认真听规则	教师通过解读任务要求、借用线索，便于学生准确把握任务要求、辨别方位；小组合作的形式，有利于安全高效实施任务，培养团队意识
活动高潮——探寻绿色纤维之源	火眼金睛识草木	教师巡视：①关注学生的安全问题。②提示学生观察植物时的注意事项。③解答学生提出的问题	边观察边找寻目标植物，将活动单上错位的4种纤维植物叶片、花朵、纤维的图进行正确连线组合	这一目标的完成，有利于学生养成认真观察的习惯，认识到叶、花在种类识别中的重要性，学会从结构、形状、大小、色彩、气味等方面观察植物，有利于发展发现植物之美的审美情趣；同时可以更深入得了解纤维来自于这几种植物的哪个部位。通过特殊植物标牌或网络获取信息的过程，有助于信息获取能力培养
	植物纤维巧应用		借助于特殊标牌、网络完成关于植物在纤维生产与应用方面的填空题	

（续）

活动环节	教　师	学　生	意　图
活动尾声—— 分享与交流	①小结：涉及的植物及其纤维来源部位；引出植物纤维与绿色纤维的关系。 ②问题呈现：思考纺织面料有几大类	①分组汇报任务完成情况。 ②思考并回答问题	为学生创造表达自我观点的机会。设置思考与讨论问题有两方面的意图：一方面，是培养学生形成发散思维；另一方面，是为下阶段的活动埋下伏笔

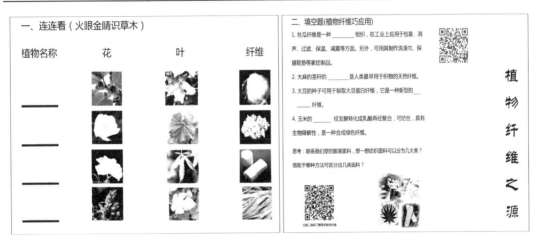

图2　植物纤维之源任务

4.4.2.2　第二阶段：植物纤维巧鉴别

本阶段的活动场地由室外转向室内，以教师事先准备好的纺线为原料，组织学生设计、动手实验操作，来鉴定哪种是由植物纤维制成（表2~表4、图3、图4）。

表2　各活动环节具体内容

活动环节	教　师	学　生	意　图
活动热身—— 读服装吊牌	实物展示：不同面料的服装吊牌。 ①引导学生查看面料成分，并判断哪些面料中含有植物纤维。 ②引出活动主题	①读：服装吊牌面料成分。 ②思：哪种面料由植物纤维制成	用学生所熟悉的事物，引出要探究的主题，激发他们的学习热情
活动高潮—— 植物纤维巧鉴别	方案设计—— 从6种未知纺线中鉴别植物纤维	①实物展示：6种纺线。 ②启发学生思考：引导学生联想质监人员进行质量检查时的手段，如参照标准、借助手段	根据提供的材料，设计方案	引导学生形成主动思考，创新思维的意识

（续）

活动环节		教 师	学 生	意 图
活动高潮——植物纤维巧鉴别	实验操作——感官法和燃烧法鉴定植物纤维	①介绍植物纤维鉴别的简要方法有感官法和燃烧法。②图文结合介绍感官法鉴定的关键要素：手感、弹性、光泽方面的差异。③演示燃烧法的操作步骤及判断标准的呈现，特别强调酒精灯使用的注意事项	①倾听实验方法及注意事项。②按要求进行实验操作，观察记录实验现象，完成实验记录单	学会观察现象、推理实验结果；并能够将所学科学方法应用于解决日常生活问题中
活动尾声——分享与交流		①揭秘 6 种材料的纤维类型。②讨论、评价学生设计方案的可行性。③引导讨论传统的感官法和燃烧法的局限性	①汇报实验结果。②围绕教师提出的问题进行讨论	为学生创造表达自我观点的机会。培养学生形成发散思维

表3　感官鉴定参照

观察内容	植物纤维		动物纤维		化学纤维	
	棉	麻	丝绸	羊毛	尼纶	锦纶
手感	弹性较差，手感柔软	弹性较差，手感粗硬，有冷凉感	手感柔软，有冷凉感	弹性好，手感温暖	弹性好，手感稍硬	弹性好，手感粗糙
目测	光泽暗淡	光泽暗淡	光滑细腻	有光泽	有亮而刺眼的光泽	有亮而刺眼的光泽

表4　燃烧法鉴定参照

纤维类型	接近火焰	火焰中	离开火焰	燃烧气味	灰烬
植物纤维	不熔、不缩	迅速燃烧	继续燃烧	烧纸味	细腻、灰白色，可用手挤成粉末状
动物纤维	软化、收缩	部分融化，慢慢燃烧	不易延燃，慢慢燃烧，之后自熄	烧毛发臭味	易碎、黑褐色，可用手挤成粉末状
合成纤维	收缩、熔融	一边融化，一边燃烧	—	各种特殊气味	硬块、不易捻碎

合 格 证
品牌:YOUNGOR
品名:衬衫(丝DP)
货号:YLTS12205HBY
号型:175/92A
规格:40(圆摆) Y
成分:89%棉11%桑蚕丝

执行标准:Q/NYG001-2013

安全技术类别:B类

等级:一等品 检验员:008

6 902006 656479

合 格 证
品牌:YOUNGOR
品牌系列:商务/商务休闲系列
品名:休闲男西服 产地:宁波
货号:YN1155XX23753-12AGC
号型:175/96A
规格:76*112(48R)
成分:面料:30%羊毛
30%聚酯纤维 20%棉
20%再生纤维素纤维

里料:58.4%聚酯纤维
41.6%粘胶纤维
袖料:53%粘胶纤维
47%聚酯纤维

执行标准:GB/T2664-2009
安全技术类别:C类

等级:合格品
检验员:工号见水洗唛

——垫布熨烫
RMB 1880

6 902006 128778

合 格 证
品牌:YOUNGOR
品名:衬衫(水洗)
产地:宁波
货号:YLYH13515HA
规格:40
成分:54%亚麻46%棉

执行标准:Q/NYG002 2013

安全技术类别:B类

等级 合格品 检验员: 12

图 3 服装吊牌

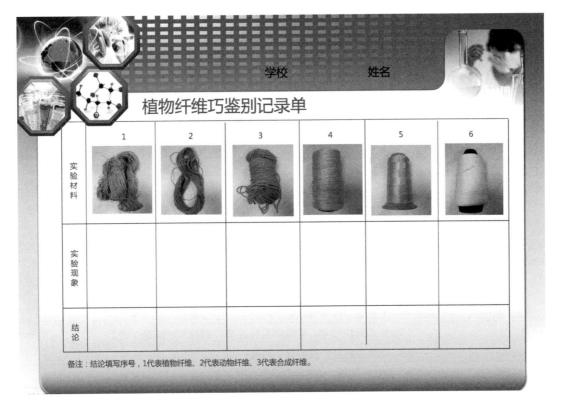

图 4 植物纤维巧鉴别记录单

4.4.2.3 第三阶段:初识棉纤维

本阶段以植物园作物区栽种的陆地棉种子纤维为例,引导学生探究对于某种具体的植物纤维,该从哪些方面来判断、鉴定其纤维品质好坏(表5、图5、图6)。

表 5　各活动环节具体内容

活动环节		教　师	学　生	意　图
活动热身—— 看片会		①展示图片：几张电商售卖棉花的图片。 ②提问：棉花是我们日常生活中使用最为普遍的植物纤维来源，那我们如何判断棉纤维的好坏，请大家结合图片思考? ③陈述：棉纤维的长度、强度、粗细、整齐度、成熟度等，是考虑棉纤维品质的关键	①学生观看教师呈现的图片，从中分析购买棉花时考虑的指标。 ②回答购买棉花时考虑的指标	引导学生学会主动思考、分析、总结
活动高潮—— 初识棉纤维	显微镜下的棉纤维	①展示图片：a. 棉纤维成熟系数图。b. 显微镜下棉纤维图。 ②介绍：棉纤维的简单结构。 ③问题：初步判断观察到的棉纤维的成熟系数	①在显微镜下观察棉纤维。 ②结合图片，判断看到的棉纤维的成熟度	此环节教师提前在显微镜上调节好棉纤维的装片。学生通过直观观察，对棉纤维有感性认识
	实验操作——分梳法测定棉纤维长度	①介绍实验所需材料及用具。 ②介绍实验方法，并分步示范。 ③强调实验中的注意事项，比如：区分籽粒种脊的位置、测量读数的方法等	①倾听实验方法及注意事项。 ②要求进行实验操作，观察记录实验现象，完成实验记录单	学生通过操作练习，初步掌握分梳法测定棉花纤维长度的方法；重复测量的过程培养学生认真、不厌其烦的科学品质
活动尾声—— 分享与交流		①小结活动材料陆地棉纤维的理论长度范围，并对比本实验各组的结果与理论指标。 ②问题思考：实验中为什么要多次测量，最后取平均值	①汇报实验结果。 ②思考并回答老师提出的问题	为学生创造表达自我观点的机会。养成学生勤于思考的习惯

4.4.3　活动汇报阶段

（1）组织各组学生在课堂交流，谈谈 3 个阶段的活动的感受和经验，同时探讨植物在工业中的应用与保护的问题，引导学生形成从身边发现问题进行科学研究的意识。

（2）应用彩纸、棉铃等原料，制作与纤维相关的手工作品，通过小短剧演绎对纤维的认识。

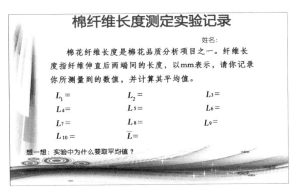

棉纤维长度测定实验记录

姓名：

棉花纤维长度是棉花品质分析项目之一。纤维长度指纤维伸直后两端间的长度，以mm表示，请你记录你所测量到的数值，并计算其平均值。

$L_1 =$　　　　　　$L_2 =$　　　　　　$L_3 =$
$L_4 =$　　　　　　$L_5 =$　　　　　　$L_6 =$
$L_7 =$　　　　　　$L_8 =$　　　　　　$L_9 =$
$L_{10} =$　　　　　　$\overline{L} =$

想一想：实验中为什么要取平均值？

| 图5　分梳法测定纤维步骤 | 图6　纤维长度测定实验记录单 |

5　可能出现的问题及解决预案

活动中可能出现的问题及解决预案见表6。

表6　活动中可能出现的问题及解决预案

可能出现的问题	解决预案
学生在探寻植物纤维之源的过程中，可能会迷路或者很难完成相关的问题，从而中途会放弃活动	事先向学生介绍活动场所的环境情况，为活动中涉及的植物制作特殊标牌
学生在观察植物时，可能见不到开花的植物	教师事先在特殊标牌上印制植物花期的图片，同时引导学生扫描园区二维码标牌，获取关于植物图像、特征介绍、文化及用途的信息
在使用酒精灯时操作方法不当，引起危险	教师反复强调酒精灯的使用注意事项，并由教师操作酒精点燃与熄灭动作
学生在测量棉花纤维时，找不准种脊的位置，影响测量结果	教师以去除长纤维的种子实物及图片做展示，引导同学准确寻找种脊的位置
学生在重复测量纤维长度的过程中可能会表现出耐心不足，急于完成测量	在测量之前，教师反复强调，重复对于降低实验误差的重要作用
活动中学生可能会出现摔伤、烫伤等安全隐患	事先制订全面合理的活动路线、安全预案；确定完善的现场工作人员分工，降低活动风险

6　预期效果与呈现方式

本活动是学生自主学习、自主体验和探究，教师引导的体验式教育活动，学生从活动中获得的知识、能力、感受、领悟、情感等，都是通过自主活动自觉产生。

6.1　预期效果

（1）学会使用网络的手段，获取研究的有用信息。

（2）关注工业生产问题，理解植物在生态纺织、可持续工业发展中的作用。

（3）学会通过手眼协调，从植物的叶形等方面科学观察植物的特征。

（4）增强对事物的敏感性，形成从身边发现问题，应用科学思维、科学方法解决问题的习惯。

（5）自主探究能力、团队合作能力、创新能力得到提升。

（6）通过亲身体验与探究，掌握纤维鉴别的基本方法，并学会将其应用于生活之中。

6.2 呈现方式

学生的活动单、学生交流分享中自我观点的陈述与表达、学生的手工作品、汇报展示等。

7 效果评价标准与方式

效果评价的依据是活动目标的达成情况，评价的主要目的是全面了解学生学习的过程和结果，激励学生学习和改进教师教学。通过评价所得到的信息，可以了解学生达到的水平和存在的问题，帮助教师进行总结与反思，调整和改善教学设计与教学过程。因此，要尽可能运用多元化的评估体系。本方案注重评价主体多元化、评价形式多元化。分别从对学生的评价与对教师的评价来进行评估，从活动组织实施的全过程给予评价。

7.1 对学生的评价

（1）观察法。在活动过程中观察学生的参与情况，同时利用照相机、摄像机来辅助观察。

（2）提问法。通过向参加活动的学生提出预设问题或随机问题，进行活动效果检测。

（3）实操法。学生动手实际操作的成效。

（4）学生自评法。对学生发放评价表（表7），进行自评。

表7　学生评价表

评价对象_____　　　　　　　　　　　　　　　评价主体：学生（自评、他评）

序号	评价项目	优	良	中	差	选项
1	能够正确认识的植物数量	10种	8种	6种	4种以下	
2	获取信息的能力	①快速准确	②准确，但稍慢	③较为准确	④有待努力	
3	参与活动态度	①积极热情主动	②积极热情但欠主动	③态度一般	④较差	
4	独立完成任务情况	①好	②较好	③一般	④差	
5	团队合作意识	①强	②较强	③一般	④差	
	综合评价					

7.2 对教师的评价

访谈法：通过与学生、校内教师访谈，及学生微信对教师在教学中的表现，教师实施活动的创新性、科学性、对学生产生的影响等方面进行评价。

8 对青少年益智、养德等方面的作用

本活动以纤维植物为主线，以用自然观察与实验探究相结合的方式开展活动。注重学生与自然的接触，通过学生置身于情境中的亲身经历，在体验、探究中不断自我总结、反思、概括，自觉获取来源于实际生活的绿色科学知识及科学技能，如植物纤维在生态纺织中的应用、植物纤维鉴定的方法。

本活动内容丰富、形式多样、实践性性强，在探究活动中学生不仅学会了科学探究的方法，培养了科学精神和科学态度，体验了科学的乐趣，克服了研究中的困难。同时，活动自始至终引导学生认识到植物与我们的生活密不可分，植物在人类社会与科技发展中的重要作用，激发对自然科学的探究兴趣、对环境问题的关注与思考，培养勇于创新的自主学习精神。

另外，团队协作能力对人的生存和发展有着重要的意义，良好的团队协作能力是高素质人才所必备的。在本活动中，安排学生分组活动，小组成员之间配合完成任务，对学生的团队协作能力有一定的培养。

参考文献

何军，陈东生. 新型植物纤维的研究与应用 [J]. 纺织科技进展，2006，6：17-19.

林崇德. 发展心理学 [M]. 北京：人民教育出版社，1995.

张之亮，张元明，章悦庭，等. 几种新型植物纤维的开发利用现状 [J]. 中国麻业，2004，26 （2）：91-94.

附件 1　部分活动实施照片

第一阶段——教师讲规则

第一阶段——学生实施任务

第二阶段——感官法学习

第二阶段——燃烧法示范

第三阶段——显微镜观察棉纤维

第三阶段——分梳法测定操作

附件2　调查问卷

"探秘植物纤维"活动调查问卷

亲爱的同学：

你好！首先对占用你的宝贵时间表示歉意！为了解小学生对植物纤维方面知识的了解程度，特进行本次调查。本问卷采用无记名方式，不会泄露你的信息，请根据你的实际情况勾选最适合的答案。真诚感谢你的支持与帮助！

性别：男（　　）女（　　）

年龄：（　　）岁

就读学校：（　　　　　　　　　　　　）

1. 我们的服装面料是由不同纤维类型的纺织材料加工而成，服装面料是否是你选购服装的指标之一？　　　　　　　　　　　　　　　　　　　　（　　　　）

　　A. 是　　　　　　　　　　　B. 不是　　　　　　　　　C. 无所谓

2. 你更喜欢穿着哪种面料的服装？（可多选）　　　　　　　　　（　　　　）

　　A. 棉　　　B. 麻　　　C. 毛　　　D. 丝　　　E. 涤纶　　　F. 锦纶

　　G. 其他＿＿＿＿＿＿＿＿＿＿＿

3. 有些衣服面料来自植物纤维，请你尝试列举出2~3种纤维植物的名称，如：

＿＿＿＿＿＿＿＿＿＿＿＿＿＿＿＿＿＿＿＿＿＿＿＿＿＿＿＿＿＿＿＿＿＿＿＿＿

4. 选购衣服时，你有判断衣服面料的小窍门吗？

　　A. 无　　　　B. 有，如：＿＿＿＿＿＿＿＿＿＿＿＿＿＿＿＿＿＿

5. 当你在识别植物时，你通常是通过哪些方法来进行辨识的？

＿＿＿＿＿＿＿＿＿＿＿＿＿＿＿＿＿＿＿＿＿＿＿＿＿＿＿＿＿＿＿＿＿＿＿＿＿

＿＿＿＿＿＿＿＿＿＿＿＿＿＿＿＿＿＿＿＿＿＿＿＿＿＿＿＿＿＿＿＿＿＿＿＿。

6. 生活中你是否关注植物在工业生产、科技中应用方面的知识？如果关注，请举例说明。

＿＿＿＿＿＿＿＿＿＿＿＿＿＿＿＿＿＿＿＿＿＿＿＿＿＿＿＿＿＿＿＿＿＿＿＿＿

＿＿＿＿＿＿＿＿＿＿＿＿＿＿＿＿＿＿＿＿＿＿＿＿＿＿＿＿＿＿＿＿＿＿＿＿。

附件 3　特殊植物标牌示例

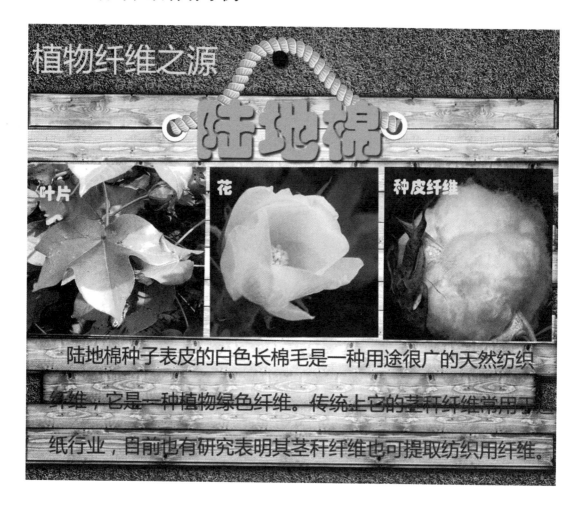

探究芳香植物叶片香味之谜——芳香植物叶表皮腺毛的显微观察*

1 方案设计分析

1.1 学习情境设计

芳香植物是一类贴近日常生活的植物，学生在生活中经常会接触到芳香植物或者与芳香植物相关的物品。选择学生熟悉的芳香植物，如薄荷、薰衣草等，作为本节探究课的实验材料，能吸引学生主动参与本节课的活动。

北京教学植物园的草本植物区专门开辟芳香植物小径，种植有近 20 种的芳香植物。在小径中，学生能近距离接触到多种多样的芳香植物，能直观的通过视觉、触觉感受到各种生活中接触到的芳香植物，也能通过嗅觉体验到不同芳香植物的独特气味，在真实的情境中自然进入本活动。

1.2 学习模式选择

本活动教学对象为小学五年级以上的学生，对本活动的新知识（叶片表皮的结构特征）、新技能（显微镜的使用）完全陌生，但他们对周围事物有着探索的热情。观察芳香植物的腺毛是用观察法进行的生物实验课程，选择探究学习，能充分调动学生的兴趣和动机，在问题解决过程中能帮助学生对腺毛知识的内容和形成过程产生统一的意识，使学生能够更有效地运用所学。

1.3 探究教学过程的设计

使用探究学习的基本模式：提出问题—做出假设—验证假设—得出结论，引导学生进行本次活动。首先，在真实的芳香植物情境中，自然产生本活动中的问题："芳香植物的叶片为什么会散发味道？"在引导他们进行假设时，利用合适的教学资源——多种芳香植物的叶片，启发学生从直观感觉出发（用鼻子闻叶片的味道，用手触碰叶片后再闻手上的味道），引导学生做出假设："叶片的表面有着特殊的组织在不停分泌芳香物质。"然后再给予学生必要的知识储备（了解叶片表面的显微结构）、技能储备（体视显微镜的使用和观察叶背面的技巧），指导学生验证假设（用体视显微镜寻找分泌腺毛的组织，并同时将观察到的结构画在学习单上）。观察活动结束后，用现场检索资料的方式，通过教师指导，得出本研究的结论——芳香植物叶片表面存在着大量的腺毛。

---

*注：此项目获得第36届北京青少年科技创新大赛"科技辅导员创新成果竞赛科技教育方案类"二等奖。

2 方案涉及的对象和人数

小学五六年级的中小学生，通过网上报名的方式，参与活动。本活动在 2015 年 8 月 12 ~ 13 日，开展 4 期活动，参与人数为 80 人。在 2015 年 11 月 13 日、20 日，开展 2 期活动，参与人数 30 人。

3 方案的主体部分

3.1 活动内容

本项目围绕"芳香植物的叶片为什么会散发味道"这一问题，开展探究性教学活动。选择植物园内现有的芳香植物区域，引导学生观察，体验不同芳香植物叶片的特异味道，吸引学生参与本活动的兴趣和热情。进入室内，使用探究训练模式，结合 PPT 课件引导学生围绕问题进行探究活动，用直观形象、操作简便的体视显微镜进行实验观察，经过进一步的分析和文献支持，得到探究结论——芳香植物的叶片散发味道的原因是在叶片表面分布着腺毛。通过经历与科学工作者科学探究相似的过程，体验科学探究的乐趣，学习科学家科学的探究方法，领悟科学的思想和精神。

3.2 目标

3.2.1 知识与技能

（1）通过室外观察，全体学生能认识天竺葵、藿香、薄荷、薰衣草、紫苏、迷迭香 6 种芳香植物。

（2）通过教师演示讲解，全体学生会使用体视显微镜，对植物的叶片表皮进行观察。

（3）大部分学生能完成 3 种芳香植物叶表皮腺毛的观察并绘出观察到的结构。

（4）全体学生能了解腺毛的种类，并能对观察到的 6 种芳香植物的腺毛进行归类，能了解腺毛的作用和意义。

3.2.2 过程和方法

（1）根据教师的引导，全体学生能够完成本课程的探究活动。

（2）大部分学生完成探究过程后，能理解科学探究的一般方法。

3.2.3 情感态度和价值观

通过经历与科学工作者科学探究相似的过程，体验科学探究的乐趣，领悟科学的思想和精神。

3.3 重点、难点和创新点

3.3.1 重点

完成主题的探究活动，理解科学探究的一般方法。

3.3.2 难点

提出问题后，能做出合理的假设。

3.3.3 创新点

将观察类的生物实验课程，采用探究方式进行教学，室外活植物观察和室内显微观察相结合，在 2 个课时内完成一个完整的探究活动。

3.4 利用的各类科技教育资源

（1）场所：室外（北京教学植物园百草园芳香植物小径），室内（北京学生活动管理中心 2 号楼 4 层形态观察实验室）。

（2）多媒体资源：教学用 PPT，学习单（附件 1）的设计和制作。

（3）植物材料：天竺葵、藿香、薄荷、薰衣草、紫苏、迷迭香。

（4）仪器：尼康体视显微镜 JSZ6 型、培养皿、镊子、材料采集盒。

3.5 活动过程和教学流程

3.5.1 活动过程

活动过程见表 1。

表 1　活动过程

教学环节	教学内容	教师活动	学生活动	设计意图
导入	主题及相关要求	介绍学习主题，内容和纪律要求	认识教师，了解学习内容和要求	保证学习顺利进行
室外观察	6 种芳香植物室外学习	指导学生用手轻揉叶片，用鼻子嗅，感受每种芳香植物不同的味道。并采集每种植物 10 片叶子	在草本植物区观察迷迭香、薰衣草、藿香、薄荷、天竺葵、紫苏，并采集植物材料	实物情境，在散发着各种味道的芳香植物小径，近距离感受芳香植物，激发学生参与本次课程的热情
室内教学	介绍芳香植物的概念，用途等，回顾并能识别 6 种芳香植物	芳香植物，俗称香草，是指植物的叶会散发出独特香味的植物，具有药用植物和香料植物共有属性的植物类群，全世界有 3000 多种，总结：迷迭香叶子细小；藿香叶子三角形，花紫色；薄荷叶片椭圆形；天竺葵叶子盾形；薰衣草花紫色，羽状裂；紫苏叶子紫色	了解芳香植物相关知识。对照 PPT 图片，分辨在室外见到的 6 种芳香植物，并掌握分辨 6 种芳香植物的叶片	能识别 6 种用到的实验材料，使探究活动顺利进行

（续）

教学环节	教学内容	教师活动	学生活动	设计意图
室内教学	提出问题，启发思维，做出假设	提出问题：叶片为什么会散发味道？分析问题，启发同学对提出的问题进行思考，并做出假设：叶片散发香味的原因是叶片表面有什么组织	通过对芳香植物叶片的触摸，会有芳香物质留在手上的现象，并结合自己的日常经验，在教师的启发下，明确叶片会散发味道的原因应该是在植物叶片表面存在某些特殊的组织	利用学生的亲身感受，引导学生克服本课程的教学难点，使探究过程顺利进行
	进入实验，验证假设	用天竺葵叶片的表面显微结构图分析寻找组织应该具有的特征	掌握显微镜观察叶片的技巧，理解显微观察的目的为寻找表面有着明显分泌物的组织	用观察法完成整个探究过程的重点环节——验证假设，通过思考、体会、辨别、掌握 4 个阶段，完成本课程的观察重点：在显微镜下寻找分泌芳香物质的组织
		讲解体视显微镜的操作方法及注意事项。演示操作观察叶片	掌握体视显微镜的操作方法	
		结合 PPT 演示 6 种芳香植物的观察重点，小组帮助指导学生完成芳香植物的叶片表面分泌组织的观察	完成 3 种芳香植物的叶片表面分泌组织的观察，并将观察到的结构用图画下来，完成学习单相应的内容	
		用 PPT 归纳总结 6 种植物在显微镜下看到的结构，并指出在观察实践中存在的问题	根据教师的引导，完善修改学习单中相应内容	
	查阅文献，得出结论	讲解腺毛，腺毛是挥发油合成和分泌的主要场所；腺毛是由表皮细胞特化而来。腺毛功能：保护植物叶片，驱虫、分泌杀菌物质，避免得病、消化昆虫（茅膏菜）。腺毛种类：头状腺毛和盾状腺毛。得出本次探究的结论：芳香植物的叶片表面有分泌组织——腺毛，这些腺毛不停地分泌芳香物质	理解掌握叶片分泌芳香物质的原因是叶片表面存在分泌组织——腺毛，结合观察结果，掌握 2 种类型的腺毛，并针对 6 种植物的腺毛种类做出简单的归类	完成本课程结论部分的归纳，并进行腺毛相关知识的拓展。简化查阅资料的过程，直接以结果的方式呈现找到的文献资料，并确定探究的结论

（续）

教学环节	教学内容	教师活动	学生活动	设计意图
室内教学	总结巩固	回顾本课程探究过程，总结进行科学探究的一般方法。用一些问题，如6种植物的叶片存在什么种类的腺毛、6种植物的腺毛多少都一样吗、同一种植物不同生长时期的腺毛数量都一样吗等，拓展学生思路，引导主动探究的欲望	思考问题，并回顾观察结果，并填写完整学习单	总结强化本次课程的重点，并用问题吸引学生进行思维上的拓展和深化

3.5.2 教学流程

教学流程见图1。

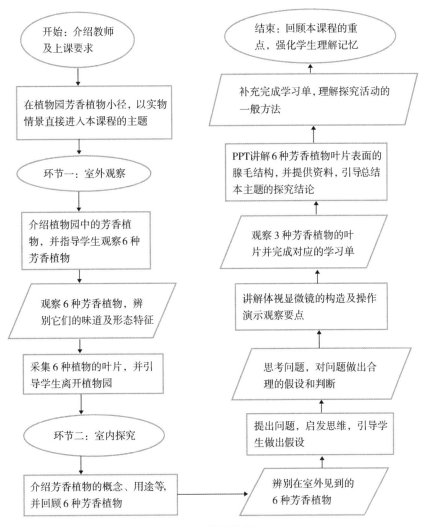

图 1　教学流程

4 可能出现的问题及解决预案

针对室外观察中可能出现下雨等天气恶劣的情况，改在室内进行。教师提前将涉及的植物材料进行采集，并将这些植物的植株种植在花盆中，放于实验室，以便学生现场观察。

在进行观察活动时，针对个别学生可能不能熟练使用显微镜的情况，教师采取个别辅导的方式，并针对某种植物的叶片观察技巧提前给予说明。

5 预期效果与呈现方式

在整个活动结束后，学生能基本完成学习单，并将活动单中探究活动的 4 个环节填写完整（图 2）。

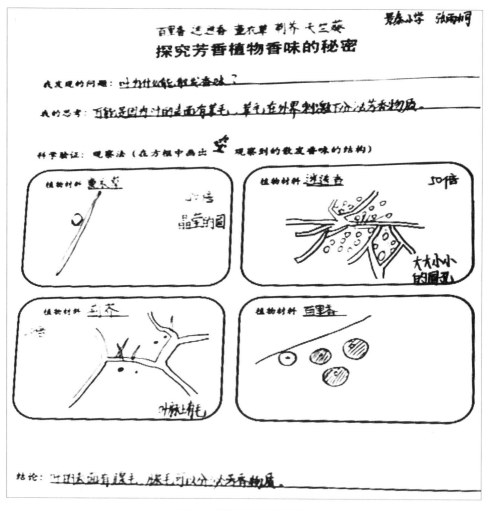

图 2　学生完成的学习单

6 效果评价标准与方式

采用下面 4 个指标进行活动效果的评价：学生参与活动的态度、实验操作规范、小组分工合作、活动单完成情况。

7 对青少年益智、养德等方面的作用

7.1 吃苦耐劳的精神

本活动室外观察的环节中，要求学生能集中注意力，克服日晒、蚊虫叮咬等困难，敢于与植物亲密接触，完成教师要求的学习目标。在其中培养了学生追求科学不怕吃苦的精神，尤其是对一些胆小的女生锻炼效果尤为明显。

7.2 合作精神的发展

学生由网上报名参与活动，学员之间是完全陌生的。教师在进入活动前，根据实际情况进行分组，并在实验室中要求小组成员合作完成 4 种植物材料的观察。在整个活动中，学生以小组形式合作完成整个活动的学习，促进他们之间的交流和合作能力的发展。

7.3 探究的一般过程、技能，以及创新精神和实践能力的发展

本次课程选择学生熟悉的芳香植物叶片的香味作为探究主题，贴近学生生活，能快速激发学生参与探究活动的热情。运用探究的一般训练模式开展教学，保证整个探究活动开展的有效性和完整性。整个课程设计难度适中，大多数学生能准确地完成学习单。选择操作简单、观察形象直观的体视显微镜开展活动，全体学生能很快熟练运用显微镜进行观察实践。采用 6 种各具特色的实验材料，吸引学生自主学习的同时，保证科学研究的全面性和可重复性。

全体学生能够完成本课程的探究活动，大部分学生完成探究过程后，能理解科学探究的一般方法。通过经历与科学工作者科学探究相似的过程，体验科学探究的乐趣，领悟科学的思想和精神。

参考文献

曹丽敏，王跃华，刘春，等.鼠尾草属植物的叶表皮特征及其系统学意义 [J].云南大学学报：自然科学版，2012，34（3）：339-347.

胡凤莲.唇形科 11 种药用植物叶表及表皮毛的比较形态学研究 [D].西安：西北大学，2008.

胡凤莲.11 种唇形科药用植物叶表及腺毛的形态比较 [J].安徽农业科学，2009，37（20）：9467-9469.

黄珊珊，廖景平，唐源江.唇形科植物腺毛及其分泌研究进展 [J].热带亚热带植物学报，2005，13（5）：452-456.

马建忠，房立真，刘孟奇.药用植物藿香叶表皮毛的显微结构研究 [J].黑龙江农业科学，

2011（6）：97-100.

沈文华，石建明，徐玲玲，等.贵州省常见唇形科植物茎和叶比较解剖学研究［J］.西北
植物学报，2016，36（1）：59-69.

秀如.灭菌解毒的芳香植物［J］.森林与人类，2003（8）：39-39.

张洁，沈蕊，普春霞.唇形科香薷属植物的叶表皮毛被特征研究［J］.时珍国医国药，
2014，24（2）：2913-2916.

附件　学习单

探究芳香植物香味的秘密

我发现的问题：_____

我的思考：_____

科学验证：观察法（在方框中画出　　观察到的散发香味的结构）

植物材料	植物材料
植物材料	植物材料

结论：_____

谁在夜里不睡觉？——都市少年儿童夜间自然探索活动*

1 背景与目标

1.1 背景

1.1.1 社会背景——生态文明，教育先行

党的十八大报告提出"要把生态文明建设放在突出地位，融入经济建设、政治建设、文化建设、社会建设各方面和全过程，努力建设美丽中国，实现中华民族永续发展"。北京市"十二五"时期绿色北京发展建设规划也指出"要积极倡导绿色文化，加大宣传、教育、培训力度，尤其是以中小学为重点，逐步建立'绿色北京'教育体系"。

2013 年"六一"儿童节前夕，习近平总书记视察北京教学植物园，并对孩子们提出了殷切的希望："大自然充满乐趣、无比美丽，热爱自然是一种好习惯，保护环境是每个人的责任，少年儿童要在这方面发挥小主人作用。"此项活动正是抓住暗夜探秘这一特点，吸引少年儿童关注身边环境，发现自然世界的神奇和美好，进而产生保护自然的意愿和动力。

1.1.2 教育背景——亲身体验，融入自然

我国自然教育活动经过 30 年的发展，取得了长足的进步，但是越来越多的人认识到，仅仅依靠推广环保知识和环保手段的教育方式已经不能满足中小学生的需求了，如何从"了解知识"转变为"化为行动"，才是当下教育工作者面临的主要课题。而实现从"知识"到"动力"的桥梁就是自然体验。让少年儿童在自然中学习和成长，探索自然的奥秘，领悟生命的意义，树立尊重、热爱自然的心态，进而改变自己和他人的行为，推进自然生态的保护。

1.1.3 资源背景——巧用资源，独创特色

北京教学植物园隶属于北京市教委，主要面向中小学生开展教育教学活动。全园占地面积 175 亩，共分为树木分类区、百草园等七大园区，栽种植物 1500 多种，植物资源十分丰富。优质的植被条件与多样的环境类型为几十种鸟类和哺乳动物、近 100 种昆虫提供了栖息的场所及活动的乐园。每当夜幕降临，植物园内蛙声阵阵，鸣蝉声声，一片繁忙景象。在老师的引导下，一幅不同以往的自然画卷将在孩子们眼前徐徐展开，到处都是"不

---

*注：此项目获得第 35 届北京青少年科技创新大赛"科技辅导员创新成果竞赛科技教育方案类"二等奖。

睡觉"的小生物等待着孩子们发现。除了生物资源丰富外，植物园还有一个 500 平方米的大草坪，为"露营体验"环节提供了足够的搭建帐篷的空间；背风、安静的小山坡可以作为"昆虫灯光舞会"的地点；百草园草木低矮，视野开阔，灯光污染较低，具备组织观星活动的初步条件。

1.2 目标

1.2.1 知识与技能

认识至少 5 种夜行动物，能说出 2 种植物的昼夜变化；掌握观察动物的方法，并了解观察野生动物的注意事项；通过与同伴的合作亲手搭建起一顶帐篷；初步利用天文望远镜尝试进行星空观测。

1.2.2 过程和方法

通过观看动物题板、收听虫鸣频道、实地巡游探秘、搭建露营帐篷、观看星空视频、使用天文望远镜、集体讨论等形式，促进学生更好的学习自然和户外知识，增强动手实践能力，更全面、生动地体验城市中的自然。采用的教学策略有自主学习、合作学习、探究式学习。

1.2.3 情感态度价值观

认识到野生动植物离我们并不遥远，只要留心观察，大自然就在身边。生活在美丽多彩的自然世界里，体会到人和自然和谐相处的乐趣。

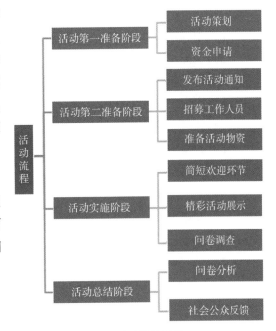

图 1　活动设计思路

2 活动设计思路

具体活动设计思路见图 1。

3 方案涉及的对象和人数

（1）对象：小学三至六年级学生。

（2）人数：每次 30~40 人，分为 5~6 组活动。

4 方案的主体部分

4.1 活动内容

此项活动适宜在 8~9 月进行，该时间段内，植物生长旺盛，野生动物活动频繁，且天气较 6 月、7 月凉爽，适宜组织户外活动（表 1）。

表1　活动内容

活动项目	内容简介
夜游植物园	环节一："动物不睡觉"，动物题板竞猜+收听虫鸣频道
	环节二："植物睡觉吗?"，探究植物的昼夜变化
	环节三：探秘小分队，探秘植物园出没小生灵
昆虫灯光舞会	近距离观察地球上数量最庞大的动物
露营体验	亲手搭建属于自己的帐篷，体验户外露营的乐趣
星光乐园	环节一："星星不睡觉"，用天文望远镜观察月亮
	环节二：尝试寻找夏秋季节星空中标志性恒星和星座

4.2　重点、难点和创新点

4.2.1　重点

（1）引导学生掌握观察野生动植物的方法和注意事项。

（2）引导学生克服对昆虫的恐惧，愿意探索昆虫世界。

（3）帐篷搭建的展示和教学。

（4）借助于天文望远镜发现星空之美。

4.2.2　难点

（1）教学活动的同时，要做足安全预案，充分保证学生的安全。

（2）遇阴雨天气，及时调整活动场地。

4.2.3　创新点

（1）利用青少年对"黑夜"的好奇心和"探秘"的心理，吸引了他们的注意力，借此打开科普之门。

（2）以"谁在夜里不睡觉?"这一充满童趣的问题作为贯穿整个活动的线索，将夜间出没的动物、植物在夜间的生命活动、夜间的星空等问题有机的融合，营造"天、地、生物"和谐统一的奇妙氛围。

（3）充分考虑少年儿童的心理和认知特点，融入"动物题板竞猜""收听虫鸣频道"、组成"探秘小分队"等生动活泼的教学形式，有效地牵引学生的注意力，引导学生探索发现属于自己的大自然。

4.3　利用的各类科技教育资源

利用的各类科技教育资源见表2。

表2　各类科技教育资源及内容

科技教育资源	具体内容
科技场地资源	北京教学植物园树木分类区、人工模拟湿地、百草园等场地及其内部植物资源；如遇阴雨，调用共享大厅
器材资源	手电、头灯、记录本、iPad、扩音器、天文望远镜、4人帐篷等
人力资源	工作人员6人，负责各环节的教学，以及夜间轮流值班

4.4　活动过程和步骤

4.4.1　夜游植物园活动

4.4.1.1　哪些动物晚上不睡觉？（20分钟，20：00~20：20）

首先教师提出这个问题，请学生自由作答。然后将动物题板拿出，题板正面是对夜行性动物描述性的文字，背面是动物图片，教师先展示文字一面，请学生进行判断，最后再公布正确答案。针对植物园的情况，选择刺猬、青蛙和蝉3种动物，题板设置见表3。同时播放3种常见昆虫的鸣叫，并讲解昆虫鸣叫的特点。

表3　动物题板设置内容

动物图片	描述性文字
 刺猬	①它是一种小型哺乳动物。 ②它有冬眠的习性。 ③它体肥矮、爪锐利、眼小。 ④浑身布满短而密的刺
 金线蛙（青蛙）	①它是一种冷血动物。 ②小时后用鳃呼吸，成体主要用肺呼吸，兼用皮肤呼吸。 ③体型较苗条，多善于游泳
 鸣鸣蝉（蝉）	①不完全变态。 ②幼虫生活在土里，吸食植物的根系中的汁液。 ③雄虫腹部有发音器，能连续不断发出尖锐的声音

4.4.1.2　植物晚上睡觉吗？（20分钟，20：20~20：40）

该环节为探究性实验，学生通过亲自观察和实践揭秘"植物晚上是否睡觉"的秘密。该实践将分组进行，每组进行早晚两次观察，主要记录含羞草、酢浆草、黄杨叶片昼夜变化。晚上20：00观察一次，第二天7：00观察一次。

4.4.1.3　探秘小分队（50分钟，20：40~21：30）

此活动为自主性活动，学生自己完成寻找、发现、记录、总结的过程，教师仅负责指导和组织。活动前由教师统一提出活动要求，并分发活动用具（含北京教学植物园常见夜行动物图册、手电、记录板等）。参与活动学生按小组参加探秘活动，分别沿着不同的路

线在植物园里开展活动，探秘结束后进行总结和分享。

植物园常见夜行动物观察记录单设计见图2。

夜游植物园记录单
时间：　　　组别：　　　组员：

1. 昆虫：（如果观察到请打√）

●蜻蜓：□黄蜻　□线痣灰蜻　□异色多纹蜻　●螽斯：□露螽科　□树蟋科

●螳螂：□中华大刀螳　●蝗虫：□短额负蝗　●蟓：□茶翅蟓　□大鳖土蟓

●蝉：□鸣鸣蝉　□斑衣蜡蝉　●瓢虫：□七星瓢虫　□马铃薯瓢虫　□异色瓢虫

●草蛉：□草蛉　●蝴蝶：□菜粉蝶　□蓝灰蝶　□柑橘凤蝶

●蝇：□黑带食蚜蝇　●蚊：□白纹伊蚊　●蜂：□胡蜂科　□蜜蜂科

关于昆虫，你还有其他发现么？

_____

_____

2. 其他动物（如果观察到请打√，并仔细观察它们的行为，记录下来）

□蚯蚓 _____

□青蛙 _____

□蟾蜍 _____

□蝙蝠 _____

□黄鼬 _____

□刺猬 _____

图2　夜游植物园记录单

4.4.2　昆虫灯光舞会活动（20分钟，21：30~21：50）

该环节主要以教师展示和指导为主。活动前1小时搭起灯诱幕布，等待昆虫上灯。待学生完成上一环节，即可组织学生在幕布前集合，讲解的问题主要集中在以下几个方面：①昆虫为什么会追逐灯光？②追逐灯光对昆虫来说意味着什么？③有哪些常见昆虫上灯？

4.4.3　露营体验活动（10小时）

露营体验活动内容见表4。

4.4.4　星星不睡觉（23：30~24：00）

（1）准备天文望远镜和星座图，观察初秋星空。

植物园周边建筑物低矮，且植被茂盛，灯光污染较少。若天气状况良好，具备初步的观星条件。

望远镜观察月球表面以及识别夏末初秋代表星座，如银河、牛郎星、织女星、天鹅座、飞马座等。

表 4　露营体验活动

环　节	内　容
搭建教学环节 （22：00~22：40）	集合和要求
	营地清理
	内帐搭建
	外帐搭建
	防潮垫和睡袋
学生搭建环节 （22：50~23：00）	分组进行搭建，教师辅助指导
学生露营环节 （23：30~次日 6：00）	分组进入帐篷过夜，每 2 人一顶帐篷
拆卸教学环节 （次日 7：00~7：40）	防潮垫和睡袋整理
	外帐拆卸
	内帐拆卸
	说明要求
学生动手环节 （次日 7：50~8：10）	分组进行拆卸，教师辅助指导

（2）教学用具。教学用具见图 3。

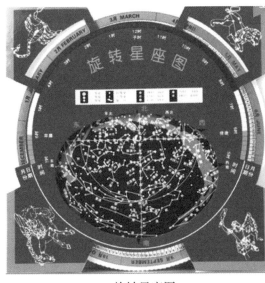

旋转星座图

天文望远镜

图 3　教学用具

5 可能出现的问题及解决预案

5.1 阴雨天气

此活动为户外活动，易受天气因素影响。若遇大到暴雨、大风等极端天气，活动改日举办。如果天气为小到中雨，活动照常举办，但需调整活动内容和场地（表5）。

表5 需调整活动内容和场地

活动项目	调整
动物不睡觉	地点转移至室内
植物睡觉吗	地点转移至温室
探秘小分队	小雨时发雨具，雨太大则转移至温室和动物标本室
露营体验	地点转移至共享大厅
星星不睡觉	内容改为观看星空视频

5.2 学生安全

（1）夏季容易发生中暑，如有学生反映头晕、恶心等症状，立即送至空调房，若情况没有好转，立即送至医院并通知学生家长。

（2）活动前对园区各活动地点和各活动用具进行检查，排除安全隐患。

（3）"探秘小分队"环节学生会发现植物园里各种夜间出没的昆虫、节肢动物和哺乳动物，随意触碰可能会引起蜇伤等症状，需要在活动开始时提醒学生不要触碰这些生物，既是对自己的保护，也是对生物的尊重。

6 预期效果与呈现方式

6.1 预期效果

"动物不睡觉"环节学生能根据题板猜出所指动物，同时思考题板线索、猜出动物的过程，也是熟悉动物特点和行为方式的过程，为夜游植物园"探秘小分队"环节做铺垫。

"植物睡觉吗？"环节学生能准确找到观察的植物，通过晚上和白天2次观察发现植物的昼夜变化。

学生在"探秘小分队"环节能通过团队合作，完成探秘植物园的任务，发现和认识5种以上的动物。

"露营体验"环节学生能完成帐篷的搭建，并在帐篷里宿营一晚，体验露营的新鲜和快乐。

"星星不睡觉"环节学生能通过天文望远镜简单观察星空，并找到常见代表星座。

6.2 呈现方式

（1）活动中能正确回答教师的问题。

（2）活动中完成的活动单和记录单。

（3）帐篷搭建完成的质量。

7 效果评价标准与方式

活动具体评价标准和方式见表6。

表6 活动评价标准和方式

活动过程	评价内容	评价标准	评价方式
准备阶段	教学物资	物资及时到位	语言定性描述
	教学场地	场地可用，无安全隐患	语言定性描述
	工作人员	人员专业，建立团队	语言定性描述
	参与学生	确定学生来源和人数	语言定性描述
实施阶段	动物不睡觉	能猜出题板描述动物	教师观察
	植物睡觉吗	观察目标植物昼夜变化，准确描述	活动单
	探秘小分队	观察到5种以上的夜行动物	活动单，教师观察
	露营体验	通过团队合作能完成帐篷搭建和拆卸	教师观察
	星星不睡觉	识别星空代表星座	教师观察
总结阶段	总结材料完成情况	完成、详尽	整体评价和个体评价相结合

8 对青少年益智、养德等方面的作用

在城市中的少年儿童每天生活在钢筋水泥的丛林里，大自然对于他们来说只是书上的词语，他们并不是不热爱自然，而是并不知道大自然的样子，对大自然没有感情，更谈不上爱。此项活动的目的就是通过"谁在夜里不睡觉？"这一引人入胜的话题，带领青少年一步一步认识身边的大自然。了解我们的身边居住着种类繁多的昆虫，居住着憨态可掬的小刺猬，有些植物到了夜里也会和白天变得不同。他们就生活在我们身边，我们人类不应该为了一己私利，破坏他们的生活环境，而是应该和它们和平共处，保护它们就是保护我们人类自己。

"夜游植物园，博物大发现"夏令营——北京教学植物园科技实践活动*

1 活动开展的背景

1.1 社会背景——生态文明，教育先行

中共十八大报告提出："要把生态文明建设放在突出地位，融入经济建设、政治建设、文化建设、社会建设各方面和全过程，努力建设美丽中国，实现中华民族永续发展。"北京市"十二五"时期绿色北京发展建设规划亦指出"要积极倡导绿色文化，加大宣传、教育、培训力度，尤其是以中小学为重点，逐步建立'绿色北京'教育体系"。

2013年"六一"儿童节前夕，习近平总书记视察北京教学植物园，并对孩子们提出了殷切的希望："大自然充满乐趣、无比美丽，热爱自然是一种好习惯，保护环境是每个人的责任，少年儿童要在这方面发挥小主人作用。"此项活动正是抓住暗夜探秘这一特点，吸引少年儿童关注身边环境，发现自然世界的神奇和美好，进而产生保护自然的意愿和动力。

1.2 教育背景——亲身体验，融入自然

我国自然教育活动经过30年的发展，取得了长足的进步，但是越来越多的人认识到，仅仅依靠推广环保知识和环保手段的教育方式已经不能满足中小学生的需求了，如何从"了解知识"转变为"化为行动"才是当下教育工作者面临的主要课题。而实现从"知识"到"动力"的桥梁就是自然体验。让少年儿童在自然中学习和成长，探索自然的奥秘，领悟生命的意义；树立尊重自然、热爱自然的心态，进而改变自己和他人的行为，推进自然生态的保护。

1.3 资源背景——巧用资源，独创特色

北京教学植物园隶属于北京市教委，主要面向中小学生开展教育教学活动。全园占地面积175亩，共分为树木分类区、百草园等七大园区，栽种植物1500多种，植物资源十分丰富。优质的植被条件和多样的环境类型为几十种鸟类和哺乳动物、近100种昆虫提供了栖息的场所和活动的乐园。每当夜幕降临，植物园内蛙声阵阵，鸣蝉声声，一片热闹景象。在老师的引导下，一幅不同以往的自然画卷将在孩子们眼前徐徐展开，到处都是神奇的小生物期待着孩子们发现。

---

*注：此项目获得第36届北京青少年科技创新大赛"青少年科技实践活动比赛"二等奖。

2 活动目的

2.1 知识与技能

(1) 认识至少 5 种夜行动物，能说出 2 种植物的昼夜变化。

(2) 掌握观察动物的方法，并了解观察野生动物的注意事项。

(3) 通过与同伴的合作亲手搭建起一顶帐篷。

2.2 过程与方法

通过实地巡游探秘、搭建露营帐篷、集体讨论等形式促进学生更好地学习自然和户外知识，增强动手实践能力，更全面、生动地体验城市中的自然。采用的教学策略有自主学习、合作学习、探究式学习。

2.3 情感态度与价值观

认识到野生动植物离我们并不遥远，只要留心观察，大自然就在身边。生活在美丽多彩的自然世界里，体会到人和自然和谐相处的乐趣。

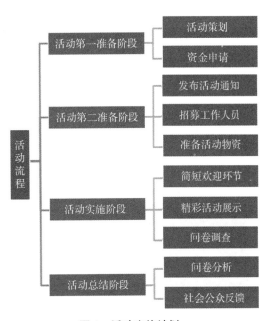

图 1 活动实施计划

3 活动实施计划

活动实施计划见图 1。

4 活动组织机构

活动组织机构见表 1。

表 1 活动组织机构

姓名	专业	职务	项目分工
李广旺	生物	植物部部长	项目负责人
明冠华	生物	植物部中教一级教师	活动策划
师丽花	生物	植物部中教一级教师	志愿者管理、活动项目实施
马凯	生物	植物部中教一级教师	宣传、活动项目实施
魏红艳	生物	植物部中教高级教师	材料订购、财务记录
刘朝辉	生物	植物部中教二级教师	物资管理

5 具体实施过程

实施过程主要包括活动立项、发布消息、作品征集和营员确定、夏令营启动、活动总结五项工作内容。

5.1 活动立项

该项目于 2014 年 9 月立项，确定活动目标和活动计划，活动时间定为暑期举办，并在植物部内部确定项目成员，并通过三方报价的形式，对活动中所用各种材料进行估价，为第二年项目的实施打下良好的基础。

5.2 发布消息

为了让更多的学生能获得"夜游植物园"活动的消息，此活动在北京教学植物园网站提前 2 个月进行活动宣传，并通过北京教学植物园微信发布信息（图 2）。消息采用图文并茂的方式，生动地展示了"夜游植物园"这一活动的活动内容和活动特色。

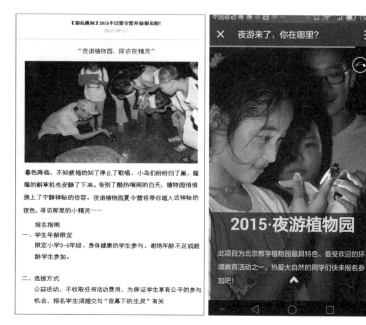

图 2　发布活动消息

5.3 作品征集和营员确定

因为该项活动为公益活动，不收取任何活动费用，为保证学生享有公平的参与机会，报名学生须提交与"夜幕下的生灵"有关的作品一份，经过评选择优录取。以下 5 种作品，可以任意选择一种：一篇观察日志、一篇作文、一幅画、亲手制作的一件工艺品、一个视频短片。第四、第五种需另提交作品说明一份。

截至 2015 年 7 月 10 日，共报名作品 132 件，其中观察日记 64 件，科学报告 9 件，作文 30 件，绘画 23 件，工艺品 6 件。

经评审，最终评出 90 名学生进入夏令营名单，2015 年 7 月 17 日开始通过电话或邮件方式通知被录取营员（图 3）。

我眼中的"天牛"

小朋友们，你们知道天牛是什么吗？天牛是一种中型甲虫，有上百种呢！今天，我给大家来介绍"白点天牛"。

白点天牛有六条腿，呈蓝黑色，上面布满了白色的斑点。它的脚上有可以产生电磁波的器官，这能使它在直立的树干上行走自如。它的鞘翅占了身体的绝大部分，鞘翅的下面藏着后翅和柔软的肚子。天牛的脖子很短，上面长着刺，比玫瑰的刺还尖，千万不要碰那里哦！它的颜面很凶，大大的黑眼睛，锋利的大牙，牙齿可以把大树叶轻而易举地咬断。触角长度和身体相当，均匀地分布着白色斑点。

白点天牛喜欢活动，我有许多次在看天牛起飞景很有意思的，起飞时，在枯柳树上活动，那里发现它们！

1	王鹤澎	观察日记	男	北京市崇文小学	三年级	王艳丽	13910594675	入围
2	王宇航	观察日记	男	北京市房山区良乡中心小学	四年级	王宏强	18601333288	入围
3	伍肇宇	观察日记	男	北京市汇文一小	三年级	徐广屏	13521119396	入围
4	席振清	观察日记	男	北京市和平里第四小学	四年级	席新建	13911683917	入围
5	熊盈蕊	观察日记	女	北京市西城区黄城根小学	三年级	熊军	13521215273	入围
6	郑斯源	观察日记	女	中关村一小	三年级	郑凯	13901379712	入围
7	周轻扬	观察日记	女	北京西师附小	四年级	王莉红	18910832359	入围
8	朱可心	观察日记	女	东城区板厂小学	三年级	王世红	13161108386	入围
9	米辰唯	观察日记	男	东郊民巷小学	五年级	张郁	13810009608	候补

图 3　作品征集和营员确定

5.4　夏令营启动

活动分三期举办：第一期，2015 年 7 月 24 日；第二期，2015 年 7 月 25 日；第三期，2015 年 7 月 26 日。每日活动时间为下午 4：15 至晚上 9：00。

活动项目非常丰富，见表 2。

表 2　活动项目的时间及地点

活动项目	时　间	地　点
营员签到	16：15～16：30	树木分类区北门
开营仪式	16：30～16：40	树木分类区北门
营地游戏：好玩的营地游戏，挑战你的专注力、反应力、记忆力，带你认识更多的朋友	16：40～17：00	树木分类区
植物魔法秀：让植物身体里的色彩发生变化的魔法，你也能学会	17：00～17：40	树木分类区
露营体验：自己动手搭建帐篷，学习使用手电筒、野营灯、睡袋等露营设备	17：50～19：30	树木分类区大草坪

（续）

活动项目	时　间	地　点
探秘动物标本馆：近距离了解神秘的夜行动物	19：40~20：10	动物标本馆
夜游植物园：探秘夜间出没的小生灵，观察植物、动物们在夜间的变化	20：20~20：50	树木分类区
营员解散：夏令营圆满结束，学生回到大门口，和父母团聚	21：00	北京教学植物园大门口

5.4.1　环节一：营地游戏

松果子、风信子、加菲猫、小蜜蜂、独角仙……老师们的自然名生动可爱，大西瓜和小西瓜、进化等有趣的营地游戏消除了孩子们之间的陌生，让小朋友和老师快速熟络起来。开营游戏点燃了大家的热情，为之后的团队协作打下了坚实的友谊基础（图4）。

图4　营员大合照

5.4.2　环节二：植物魔法秀

接下来进入植物魔法秀这个最具专业知识的实验体验（图5）。孩子们在老师的带领下亲自从荷花、锦葵等植物的花瓣中提取出了花瓣的色素，在分别遇到两种不同的神秘液体后，魔法开始了，它们的颜色发生了神奇的变化。老师最后揭秘神秘液体原来就来自于生活中用到的一酸、一碱两种物质——白醋和碱面，而花瓣里面有着表现色彩的花青素，遇到酸碱会发生颜色的改变。通过游戏形式的体验，使孩子们认识到大自然和我们的生活中处处有学问，严谨的科学实验可以把它弄个明白。

5.4.3　环节三：露营体验

露营搭帐篷可是孩子们最喜爱的体力活了，但是如何安全、合理地进行帐篷搭建，还是要跟着老师认真学一学。看孩子们多专注！轮到孩子们啦，一项项帐篷很快依次矗立在了营地里。"看，这是我们搭的帐篷！"孩子们的话语和笑脸洋溢着满满的成就感与自豪感。这项活动不仅锻炼他们的动手能力和团队协作能力，也给他们增添了可贵的自信！

图5　植物魔法秀

图 6　探秘动物标本馆

5.4.4　环节四：探秘动物标本馆

日落前，抓紧时间前往植物园新建的动物标本馆，那里有很多珍贵的野生动物标本（图6）。居于草原食物链顶级地位的捕食者非洲狮、不同季节会变换毛色的兔狲、打洞能手穿山甲、爱吃小昆虫的刺猬、神秘的猫头鹰等许多夜行动物，通过老师绘声绘色的讲解，引发了孩子们的一声声惊叹。通过解说，孩子们也了解到很多动物或因为所谓的药用价值、或因为生存环境被破坏、或被当作宠物被买卖而逐渐稀少，大自然的生态平衡亟待我们的保护。

5.4.5　环节五：夜游植物园

走出动物标本馆，暮色已经降临。怀着兴奋和期待的心情，孩子们走进了植物园这座神秘而生机勃勃的大花园。这里的白天热闹而有活力，天黑以后，这些花草树木和各类小动物，又会怎么度过属于它们自己的夜晚呢？在星星点点的手电筒光柱中，大树上的金蝉脱壳、端坐在睡莲上的金线蛙和中华大蟾蜍、在桑树上进食的云斑天牛等，一一被孩子们发现，最让孩子们兴奋的是城市里难得一见的小刺猬也现身了（图7）。

孩子们还发现了一些植物的特殊睡姿，水生区的荷花、睡莲、荇菜都合拢了花瓣，含羞草、酢浆草、小叶黄杨也收拢了它们的叶子，原来这是为了保持身体的温度和水分，以抵御夜晚的低温。

图 7　夜游植物园

夜游植物园以动植物的夜间生活为主题，采用自然游戏、自然探索的形式，使大自然的"形"与学生的"动"相结合，融合探究式学习方法，使孩子们在游中学，学中思，让孩子们感受科学知识的魅力、团队协作的重要，在孩子们的心中播撒下爱自然、爱科学的种子。

5.5　活动总结

为改进活动质量，收集反馈意见，夜游植物园最后一项为填写调查问卷，学生将参加活动的感受写下来，便于后续针对活动中存在的各项问题进行有针对性的改正。

6 活动效果

6.1 各方反馈

6.1.1 孩子的话

夜游植物园很有意思，能够看到白天看不到的一些自然现象，像是一场探险游戏。

第一次夜观植物园，我感觉很奇特、很开心，感受到了不一样的大自然，学习到了很多知识，"还没看过瘾"。

穿山甲的鳞片成分其实跟我们的指甲差不多，所以不要再因为所谓的药用价值杀害穿山甲了。

兔狲在不同季节会变换毛色，真是太可爱了。虽然它们很萌，但是我们不能把它们当作宠物在家里饲养，要让它们在大自然里自由自在地生活。

夜里的植物园真是太好玩了，虽然一开始我有点害怕，但是很快我就不怕了，我希望以后还能来参加活动！

没想到花瓣还会变颜色，真的很神奇！

6.1.2 参与的教育专家

6.1.2.1 植物魔法秀活动

用游戏和实验解答科学问题，是孩子最喜欢的方式，也有助于培养对大自然、对科学的兴趣，培养理性思维，增强真假识别能力。生活中，厨房就是孩子最爱的"实验室"，在这里孩子可以观察很多。比如，揉好的小面团为什么放一会儿就变大？为什么有的菜是绿色的，有的菜是紫色的呢？

6.1.2.2 探秘动物标本馆活动

动物标本馆有很多珍贵的野生动物标本，包括居于草原食物链顶级地位的捕食者非洲狮、不同季节会变换毛色的兔狲、打洞能手穿山甲、爱吃小昆虫的刺猬以及神秘的猫头鹰等许多夜行动物。在老师的讲解中，同学们不仅学到了有趣的动物知识，也了解到很多动物或因为所谓的药用价值、或因为生存环境被破坏、或被当作宠物买卖而逐渐稀少，增强了保护大自然的意识。

6.1.2.3 夜游植物园活动

孩子通过观察获得更多关于身边事物的信息，是想象力和思维发展的基础，对培养孩子善于观察的习惯和能力非常重要。观察过程中，孩子会提出各种稀奇古怪的问题，这就要求家长提高自身的科学素养。当家长不知道答案时，最好和孩子一起查找资料寻找答案，把提问的过程变成探索的过程。

6.2 活动影响力

活动受到社会媒体的广泛关注，新京报、凤凰网等多家媒体给予了报道和转载。

7 活动收获和体会

7.1 定位鲜明有特色

"夜游植物园"利用青少年对黑夜的好奇心以及探秘的心理,成功地吸引了他们的注意力,同时借助于植物园丰富的生态资源,带领小营员开展一场别开生面的自然之旅。

以"夜游"这一充满童趣的问题作为贯穿整个活动的线索,将夜间出没的动物、植物在夜间的生命活动等问题有机融合,营造"天、地、生物"和谐统一的奇妙氛围。

充分考虑少年儿童的心理和认知特点,融入"竞猜""探秘"等生动活泼的教学形式,有效地牵引学生的注意力,引导学生探索发现属于自己的大自然。

7.2 追求"三精"的目标

此活动延续北京教学植物园"三精"——精细、精致、精彩的活动目标,从组建策划团队到发布报名信息,再到收集和评审作品、通知被录取营员,完成物资设计、制作和购买、招募工作人员,所有的细节都考虑得十分周到。充分的准备是保证活动顺利进行的基石。很多学生都是第一次参加夜游活动,我们希望给孩子们一个完美的"第一次"。很多家长反馈,孩子回家之后异常兴奋,不再那么害怕黑夜了,对身边的自然也变得更关心了。

7.3 科学设计,合理安排

活动的设计不但需要全体教师的精诚合作,更需要科学的设计和合理的安排。此活动遵循先静后动原则,将"植物魔法秀"放在最前面,紧接着是"露营体验",之后是"探秘动物标本馆",最后是"夜游植物园";遵循"动手为先"原则,所有活动坚持以学生为主体,多安排学生操作和体验环节,让学生"做中学""错中学",教师起到辅助的组织和指导作用。科学的设计和安排为活动的顺利进行奠定了良好的基础。

参考文献

滕兆乾,刘长梅.刺猬的生态习性、养殖与开发利用 [J].烟台师范学院学报:自然科学版,2001,17(2):131-133.

吕秀芬,李春林,张兰萍,等.黑斑蛙小观察 [J].生物学通报,1996(8):41.

物候观测*

1   活动背景

"绿色科技俱乐部"是依托北京教学植物园的科普教学资源，面向中小学生开展的公益性科普课堂，旨在帮助学生拓宽视野、激发想象、培养兴趣，树立科学精神和创新意识。2016 年参与人数达到 400 人，固定会员 30 人。"物候观测"活动是面向固定会员，开展的持续 3 周的会员课程。本次活动参与对象为四年级以上的中小学生，这些学生已经参加 1 年以上的俱乐部课程，对自然科学有着强烈的好奇心和求知欲，不满足于常规教学内容，自愿且能坚持不懈在课余参加俱乐部不同主题的探究活动课程，具备一定的科学知识和探究意识，能很快进入活动主题，主动完成探究课程的学习。

物候现象周而复始，年复一年，学生在生活中很容易感受到这些变化，选择"物候观测"主题贴近学生生活，易于理解和进入活动。物候观测具有科学的研究内容和方法，需要学生掌握科学观测和记录的方法和技能，用科学严谨的态度进行较长时间的观测实践，有利于培养学生理性思维和勇于探究的科学精神，促进学生的全面发展。

北京的 3~4 月，是气温"坐着秋千"忽上忽下的季节，也是万紫千红结对来的季节，这时候的北京草长莺飞，日相万千，物候观测内容非常丰富。北京教学植物园身处闹市，但远离喧闹，在植物园的树木区，植物自然生长多年，人为干扰较少，已经形成自然群落，是进行物候观测的最佳场所。上述客观条件保证物候观测活动的顺利开展。

2   活动对象及人数

（1）活动对象：北京教学植物园绿色科技俱乐部的会员，小学四年级以上的中小学生。

（2）人数：30 人。

3   活动时间及内容

"物候观测"从 3 月 19 日开始到 4 月 9 日结束。在 3 月 19 日以教师引导——探究型为模式开展"识物候、懂观测、能记录"环节的活动。以"物候是什么？物候观测什么？

---

*注：此项目获得第 37 届北京青少年科技创新大赛"科技辅导员创新成果竞赛科技教育方案类"二等奖。

如何观测？" 3 个问题，启发引导学生理解物候科学定义和内涵，学习物候观测方法和记录指标。设计科学记录表，在室外由教师引导进行第一次物候观测实践。在 3 月 20 日到 4 月 8 日期间，以学生自主协作-探究型为模式开展"我是物候观测员"的活动，以小组为单位，利用教师定期提供的物候图片资料，结合自己在周末进行的观测实践，完成 3 周物候观测科学记录。在 4 月 9 日以教师引导-探究型为模式进行"学汇总，做分析，出结论"环节的活动。教师引导学生将 3 周的物候观测记录表进行汇总，完成物候观测汇总表，分析 8 种植物物候期的不同特征及相互关系，总结北京春季的物候特点，理解物候观察以及记录的重要性，了解物候研究的意义和作用。

4 活动目标

4.1 知识和技能
（1）掌握物候的基本含义，明确物候观测的对象及基本内容。
（2）理解物候观测对象确定的依据，能准确识别物候观测的 8 种木本植物。
（3）通过教师引导，能设计科学的物候观测记录表。
（4）理解物候观测的指标内涵，能根据实际情况较为准确判断植物的物候期。
（5）理解物候观测的要点，能独立进行室外的物候观测实践，并进行科学记录。
（6）理解物候汇总表的含义，并通过小组合作能完成物候汇总表的总结和分析。
（7）理解物候研究的意义和作用。

4.2 过程和方法
（1）掌握春季木本植物的物候观测方法，并能独立完成 8 种植物的物候观测记录。
（2）能够有效利用共有资源，与他人合作，完成春季 8 种植物的物候观测汇总表。

4.3 情感态度和价值观
（1）在进行物候观测实践中，体验科学研究的严谨和持之以恒的精神。
（2）在进行物候观测汇总和分析过程中，通过与他人的合作和交往，体验个人与群体的互动关系，懂得共享资源和共同合作的重要性。

5 活动重点、难点和创新点

（1）活动重点：设计科学的观测记录表，独立进行室外的物候观测实践并科学记录。
（2）活动难点：有效利用资源，与他人合作，完成春季 8 种植物的物候观测汇总表。
（3）活动创新点：通过自主协作、共享资源的方式，在不增加学生负担的同时，确保了整个探究过程的完整性，保证了活动效果。

6 活动准备及利用的科技教育资源

（1）教师查阅《物候学》《中国动植物物候观测年报》等相关书籍和学术文章，收集教学植物园近 3 年的物候记录，并在教学植物园树木区进行实际探查，确定活动时间、活

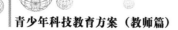

动场地、活动内容等。

（2）教师撰写活动方案，制作教学用 PPT。

（3）教师根据实际探查结果，确定 8 种活植物材料——垂柳、银杏、迎春花、山桃、玉兰、丁香、杏、山茱萸，制作物候观测地图。

（4）教师准备记录夹、记录纸、铅笔、望远镜等进行物候观测的用具。

（5）学生准备相机或带照相功能的手机。

7 活动过程

活动环节及设计意图见表 1。

表 1 活动环节及设计意图

活动环节		教师活动	学生活动	设计意图
识物候，懂观测，能记录	导入	介绍教师和课程主题，提出问题"什么是物候"	回忆固有知识，思考问题	了解学生原有知识，以便开展后面的教学
	什么是物候——物候定义及内涵	①展示教学材料：八年级语文课本中"大自然的语言"，请学生诵读上面的文字，请学生用科学、精辟的语言给物候下定义。②明确物候、物候学定义，物候观测是进行物候研究的必要基础	①理解文章涵义，回答问题。②理解物候是动植物和环境有规律的变化，这些变化受气候影响并能相互联系。③理解并掌握物候的真实含义	以著名的物候学家竺可桢先生的"大自然的语言"为引导，启发学生自主进行概念的理解和引申
	物候观测什么——物候观测内容	①介绍中国近代地理学、气象学、物候学的奠基者——竺可桢老先生，展示竺可桢先生 1950—1977 年编制的北京物候历，提出问题：从竺可桢先生的研究工作出发，思考物候观测的对象是什么？②总结物候观测的对象，并提出"植物种类繁多，观测哪些植物呢"，介绍竺可桢先生的物种选择依据。③用 PPT 介绍 8 种北京教学植物园内的代表植物	①读懂表格各行含义，分析总结归纳物候观测的对象。②明确物候观测的对象可以是植物、动物和环境，其中，植物以丰富的变化、数量众多等因素，是物候观测的主要目标。③了解并理解物候观测物种的四大选择原则。④了解并初步认识 8 种观测物种	①从竺可桢先生的研究内容出发，启发学生找到"物候观测什么"问题的答案。②学习物候观测的科学方法和技能，为自主进行物候观测奠定基础

（续）

活动环节		教师活动	学生活动	设计意图
识物候，懂观测，能记录	如何观测——物候观测的指标及记录表设计	①针对春季的乔灌木的物候观测，提出本次观测的指标和具体含义。②介绍物候观测的注意事项。③提出2份科学记录表格范例，请学生自主设计观测记录表，并提醒学生注意观测记录表必须包含的要素	①理解在春季主要的物候指标——芽膨大期、芽开放期、开始展叶期、展叶盛期、开花始期、开花盛期、开花末期，能理解各个时期的含义和判断的标准。②了解物候观测的注意事项。③完成记录表设计	通过教师讲解，并模仿范例，能保证学生顺利完成记录表的设计，完成本次活动重点内容
	物候观测实践	实地指导学生进行物候观测。重点：如何识别物候观测对象，观测注意事项，如何辨别物种的物候期	在树木区，按照物候观测地图的指引，找到物候观测对象，判断每个物种处于的物候期并记录	通过实践，巩固物候观测方法和技能
	我是物候观测员	①定时定点观测8种木本植物物候期，并拍照记录，及时在公共邮箱发布。②关注小组活动进程，参与学生网上讨论，及时指导并提出改进意见	利用周末时间，定时定点由家长带领，自主完成2次物候观测记录，并结合教师提供的物候记录图片，与小组成员，在网上共同完成3周的物候观测记录表	在进行物候观测实践中，体验科学研究的严谨和持之以恒的精神；通过与他人的合作和交往，体验个人与群体的互动关系，懂得共享资源和共同合作的重要性
学汇总，做分析，出结论	回顾复习，总结提高	总结"我是物候观测员"活动环节中出现的问题，用提问的方式回顾物候观测的方法、注意事项，以及对物候期的准确判断方法	回答问题，及时纠正自己在观测活动中出现的错误	回顾固有知识，以利于新内容的学习
	分享成果	①请一个小组上台分享本组3周的物候记录表。②引导全体同学参与讨论，保证3周物候观测表的科学性	及时参与分享，认真倾听别人的意见，通过讨论，获得问题的正确解决方法	在保证全体学生完成任务的同时，鼓励学生的个性发展

（续）

活动环节		教师活动	学生活动	设计意图
学汇总，做分析，出结论	学汇总——制作物候观测汇总表	①以"中国动植物观测年报"中的一页为例，引导学生认识物候观测汇总表，理解制作汇总表的意义和研究价值。②请学生模仿实例，以小组为单位制作物候观测汇总表	①认真听讲，并结合物候观测记录表，理解汇总表的构成要素、设计方法。②根据教师提示，完成汇总表的设计，并根据3周物候观测记录表完成汇总表的填写	能初步掌握物候观测后的汇总方法，在小组学习中，群策群力攻克活动难点
	做分析——分析物候规律	教师展示3周内的物候观测汇总表，请学生以小组为单位进行分析。以问题引导学生讨论方向，如哪种植物开花最早？哪种植物花期最短？哪种植物花期最长？哪种植物萌发最晚？这些植物的物候顺序是固定的吗？等等	根据教师的提示，小组完成分析讨论，并进行汇报	启发学生自主探究意识，并鼓励学生个性成长
	出结论——总结规律，提出结论	①教师引导学生共同对汇总表进行分析，完成研究的结论和讨论部分。②结合气温变化，分析气温与8种植物物候变化的关系。③提供长期观测记录，对北京春天的物候特点进行分析和总结。④选择北京地区同样的植物类型，如白丁香和山桃，与1979—1987年物候相对比，分析2016年的气候变化	①明确最低温度突破0℃，而且平均温度到达10℃时，所有植物都有明显的物候变化。理解气温是物候变化的关键因素。②认识北京春天（初春、仲春、季春、暮春）的物候特征，及划分顺序。③跟随教师的指导，了解2016年由于气温的升高，白丁香和山桃的物候期都不同程度的提前	带领学生从不同角度对物候观测进行规律的总结，开阔学生思路，启发他们创新思维的不断发展
	总结物候观测的意义	总结物候观测的意义：指导农业生产；防治农林害虫；做季节与物候发生期预报，如旅游景区的花期预报；与历史物候对比，提出全球气候变化的实证等	了解物候观测意义	开阔学生视野，启发他们对物候观测进一步研究的好奇心和求知欲

8 可能出现的问题及解决预案

8.1 安全问题

"物候观测"活动室外内容在北京教学植物园的树木区进行，这里经常开展学生科普活动，活动场地安全可靠。在活动之前，由老师进行安全宣教，并与家长签订安全责任书。在"我是物候观测员"的环节中为确保安全，教师提前通知家长，请家长负责整个环节中的安全问题。

8.2 物候观测活动工作量问题

在春季物候变化剧烈时期需要每隔一天进行观测，如何既能让学生体验到一个完整的物候观测科学实践，又不增加学生负担，是教师在活动设计时面临的最大困难。经过反复思考，最终确定由教师提供3周时间内每隔一天的物候照片记录，结合学生在周末自行进行的2次观测实践，形成3周的物候记录成果表。整个观测活动中，将学生分为5个小组，提前由教师进行组内分工，减少学生的工作量，避免给学生带来负担。

9 预期效果与呈现方式

经过课程学习，所有学生掌握木本植物的物候观测方法，能独立完成8种植物的物候观测。以小组为单位，每个小组都按计划完成3周的物候观测和记录工作，积累11次的物候观测记录表。在物候观测实践中，学生体验到科学研究的严谨和持之以恒精神，通过与组内同学的合作和交往，体验到个人与群体的互动关系，懂得共享资源和共同合作的重要性。在"做汇总"阶段，每组由表现优异的学生带领其他组内同学，通过教师的现场引导，有效克服难点，共同完成物候观测汇总表。

10 效果评价标准与方式

10.1 过程评测

在整个活动过程中，参照活动目标，按照优、良、中、差，分别对应完成目标的95%以上、80%~95%、60%~80%、小于60%四个等级，进行各个阶段的学生表现评价。

10.2 小组活动评测

小组活动分为组间评价和组内评价两部分。组间评价教师按照各组提交的物候观测记录表和物候汇总表评价，按照1~5进行评分。小组内部进行学生互评，每个小组同学分别给其他人打分进行评价。

11 对青少年的教育作用

物候观测具有科学的研究原理和方法，需要学生掌握科学观测和记录的方法和技能，用科学严谨的态度进行较长时间的观测实践，有利于培养学生理性思维和勇于探究的科学精神，促进学生的全面发展。在物候观测实践中，采用自主协作-探究型的模式开展活动，通过与组内同学的合作和交往，体验个人与群体的互动关系，懂得共享资源和共同合作的重要性。在"学汇总，做分析，出结论"环节中，利用成果汇报和小组讨论形式，在保证全体学生完成任务的同时，启发学生自主探究意识，并鼓励学生个性发展。在分析物候汇总表中，带领学生从不同角度对物候观测进行规律的总结，开拓学生思路，启发他们创新思维的不断发展。最后，阐述物候观测的意义和作用，开阔学生视野，启发他们对物候观测进一步研究的好奇心和求知欲。